ESTADÍSTICA APLICADA A EXPERIMENTOS Y MEDICIONES

REGRESIÓN LINEAL

ENRIC RUIZ MORILLAS

ESTADÍSTICA APLICADA A EXPERIMENTOS Y MEDICIONES

REGRESIÓN LINEAL

DÍAZ DE SANTOS

Madrid • Buenos Aires • México • Bogotá

Ediciones Díaz de Santos
Internet: http//www.editdiazdesantos.com
E-mail: ediciones@editdiazdesantos.com

ISBN: 978-84-9052-564-7 (edición papel)
e-ISBN: 978-84-9052-565-4 (edición digital)
Depósito Legal: M-15851-2025

Diseño de cubierta y Fotocomposición: P55 Servicios Culturales

Printed in Spain - Impreso en España

Per a l'Anna, la Andrea i la Sarai

Índice

MODELOS ESTADÍSTICOS

El Análisis de Regresión es una parte de la Estadística que tiene como objetivo obtener modelos matemáticos que describan las *relaciones* existentes entre variables.

Las relaciones estadísticas no implican necesariamente relaciones causales, sin embargo, sí son un punto de partida para establecerlas.

Una vez se ha comprobado la existencia de una relación estadística entre variables, la modelización matemática permite realizar *predicciones*; hay que tener en cuenta que el modelo puede no ser válido fuera del rango normal de variación de las variables consideradas como explicativas.

En una primera aproximación al problema de la regresión, es útil representar como puntos en la denominada *gráfica de dispersión* los valores obtenidos experimentalmente de las variables cuya relación se quiere analizar y, a continuación, ajustar una curva a través de los puntos de manera que los mismos queden lo más cerca posible de la curva. En la mayor parte de los casos no se obtendrá un ajuste exacto, porque al menos una de las variables está afectada por condiciones no controladas y/o por errores de medida que introducen una variabilidad de carácter aleatorio.

Normalmente se quiere estudiar cómo una variable (llamada *variable respuesta* o *dependiente*) depende de una o varias variables (llamadas *variables regresoras* o *independientes*).

El caso más simple se tiene cuando hay solo *dos variables relacionadas de forma lineal* y una de ellas es controlada por el experimentador. El modelo de regresión en este caso es una línea recta que podemos denominar *recta de regresión*, de la forma:

$$y = \beta_0 + \beta_1 x$$

Sin embargo, debido a que los puntos representados en el diagrama de dispersión no se sitúan exactamente sobre una línea recta, esta ecuación tiene que ser modificada para tener en cuenta este hecho.

Se llama ε a la diferencia entre el valor observado de la variable respuesta y la línea recta. El error tiene en cuenta la falta de capacidad del modelo para ajustar los datos de manera exacta. De este modo, una manera más adecuada de modelizar la variable y frente a la variable x es mediante la siguiente expresión:

$$y = \beta_0 + \beta_1 x + \varepsilon$$

La cual recibe el nombre de *modelo de regresión lineal simple*.

De forma general, la variable respuesta y puede estar relacionada con un número k de variables regresoras $x_1, x_2, \ldots, x_k$. Si la relación es lineal, puede modelizarse la variable y frente a las variables $x_1, x_2, \ldots, x_k$, mediante la siguiente expresión:

$$y = \beta_0 + \beta_1 x_1 + \beta_2 x_2 + \ldots + \beta_k x_k + \varepsilon$$

La cual recibe el nombre de *modelo de regresión lineal múltiple*.

Los parámetros $\beta_0, \beta_1, \ldots, \beta_k$ son los *coeficientes de regresión* del modelo, y se estiman a partir de un conjunto de datos obtenidos mediante experimentación. Hay que tener en cuenta que las técnicas del análisis de regresión lineal para la estimación de los coeficientes de regresión podrán aplicarse *siempre que la relación sea lineal en los parámetros* $\beta_0, \beta_1, \ldots, \beta_k$. Así, mediante el análisis de regresión lineal será posible establecer modelos de regresión, aunque no exista una relación lineal entre la variable respuesta y la variable regresora, como es el caso, por ejemplo, de una relación polinómica:

$$y = \beta_0 + \beta_1 x + \beta_2 x^2$$

EL MODELO DE REGRESIÓN
LINEAL SIMPLE

Consideremos el experimento en el que a lo largo de una serie de días se observa la magnitud de una estrella. Si representamos los datos experimentales en la gráfica de dispersión se obtiene la siguiente representación:

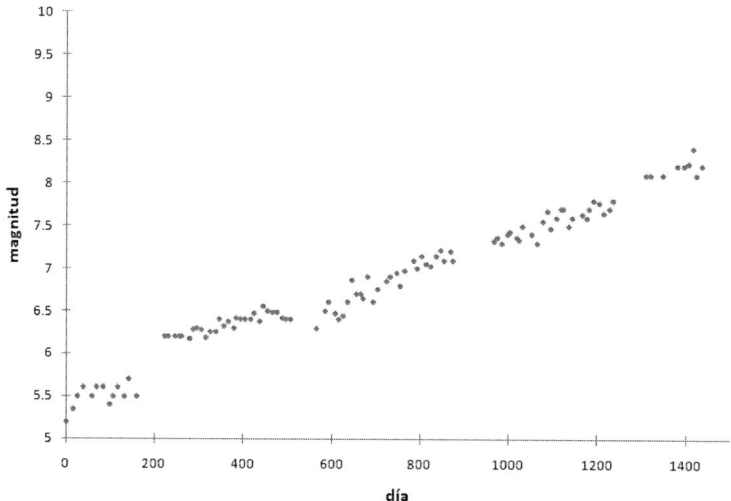

Cada uno de los días en los que se ha realizado una observación de la magnitud de la estrella es un valor de una variable que denominaremos *variable regresora*, y que representaremos por la letra x. Los valores de esta variable están controlados por el experimentador. Las magnitudes observadas son los valores posibles y de una variable que denominaremos *variable respuesta*, y que representaremos por la letra Y. Los valores de esta variable están sometidos a condiciones no controladas por el experimentador y están afectados por errores de medida, por lo que la variable Y es una variable aleatoria.

Mediante la gráfica de dispersión se puede observar que existe una dependencia de tipo lineal entre los valores y de la variable aleatoria Y, y los valores x fijados por el experimentador. Relacionaremos la *respuesta* y con el *regresor* x mediante la ecuación denominada *modelo de regresión lineal simple*:

$$y = \beta_0 + \beta_1 x + \varepsilon$$

donde los *parámetros* β_0 y β_1 se llaman *coeficientes de regresión*. ε es la componente aleatoria de los valores posibles de la variable Y, y la denominaremos *error*.

Consideraremos que ε son los valores posibles de una variable aleatoria ε que sigue una ley de distribución de probabilidades *normal*, y que asumiremos que tiene de media cero y varianza σ^2. En consecuencia, consideraremos que la variable aleatoria Y es una variable aleatoria *normal*.

Por tanto, por haber considerado que el error es una variable aleatoria $N(0, \sigma)$, se cumple que:

$$E(Y) = E(\beta_0 + \beta_1 x + \epsilon) = \beta_0 + \beta_1 x$$

Lo cual nos indica que *el valor medio de los posibles valores y para una valor dado x* es una función lineal de x, y podemos escribir:

$$E\left(Y\right) = E\left(y \mid x\right) = E\left(y\right) = \beta_0 + \beta_1 x$$

que, de forma simplificada, puede leerse como que *el valor medio de y es una función lineal de x*.

Así, podemos ver que la *recta de regresión* proporciona el *valor medio de los posibles valores y* que pueden obtenerse mediante experimentación *para una valor dado x*.

Por otra parte, por haber considerado que el error es una variable aleatoria $N(0, \sigma)$, se cumple que:

$$var(Y) = var(y \mid x) = var(y) = var(\beta_0 + \beta_1 x + \epsilon) = \sigma^2$$

lo que indica que la varianza de los posibles valores de y no depende del valor de x. Es decir, que la *dispersión* de los posibles valores y que pueden obtenerse mediante experimentación para una valor dado x, *es la misma para cada x*.

Los *coeficientes de regresión* β_0 y β_1, y la *varianza del error* σ^2 son parámetros desconocidos y deben ser *estimados* a partir de un conjunto de datos obtenidos mediante experimentación.

Estimación de β_0 y β_1

Los coeficientes de regresión β_0 y β_1 son parámetros poblacionales que se estiman a partir de una muestra formada por los n pares de datos (x_1, y_1), $(x_2, y_2),...,(x_i, y_i),...(x_n, y_n)$ obtenidos en el experimento dado.

Para ello se utiliza el *método de los mínimos cuadrados*. Se estima β_0 y β_1, de forma que la suma de los cuadrados de los errores correspondientes a cada una de las observaciones experimentales ε_i sea mínima. Los errores ε_i se determinan por el conjunto de ecuaciones que se obtienen al sustituir los n pares de datos del experimento en el modelo de regresión lineal simple:

$$y_i = \beta_0 + \beta_1 x_i + \varepsilon_i \qquad\qquad i = 1,2,\ldots,n$$

Por tanto, la suma de los cuadrados de los errores ε_i es:

$$S\left(\beta_0,\beta_1\right) = \sum_{i=1}^{n} \varepsilon_i^2 = \sum_{i=1}^{n}\left(y_i - \beta_0 - \beta_1 x_i\right)^2$$

Y las condiciones que tienen que cumplirse para que $S(\beta_0, \beta_1)$ sea mínima son:

$$\left.\frac{\partial S}{\partial \beta_0}\right|_{\hat{\beta}_0,\hat{\beta}_1} = -2\sum_{i=1}^{n}\left(y_i - \hat{\beta}_0 - \hat{\beta}_1 x_i\right) = 0$$

$$\left.\frac{\partial S}{\partial \beta_1}\right|_{\hat{\beta}_0,\hat{\beta}_1} = -2\sum_{i=1}^{n}\left(y_i - \hat{\beta}_0 - \hat{\beta}_1 x_i\right)x_i = 0$$

Donde $\hat{\beta}_0$ y $\hat{\beta}_1$ son las *estimaciones puntuales* de β_0 y β_1 y respectivamente.

A la función $S(\beta_0, \beta_1)$ se la denomina *función de mínimos cuadrados*. Estas dos ecuaciones simplificadas quedan de la forma:

$$n\hat{\beta}_0 + \hat{\beta}_1\sum_{i=1}^{n}x_i = \sum_{i=1}^{n}y_i$$

$$\hat{\beta}_0 \sum_{i=1}^{n} x_i + \hat{\beta}_1 \sum_{i=1}^{n} x_i^2 = \sum_{i=1}^{n} y_i x_i$$

Ecuaciones que se denominan *ecuaciones normales de mínimos cuadrados*.

La solución al sistema de dos ecuaciones anterior es:

$$\hat{\beta}_1 = \frac{S_{xy}}{S_{xx}}$$

$$\hat{\beta}_0 = \frac{1}{n}\sum_{i=1}^{n} y_i - \hat{\beta}_1 \frac{1}{n}\sum_{i=1}^{n} x_i = \bar{y} - \hat{\beta}_1 \bar{x}$$

Donde se ha introducido la siguiente notación para expresar los sumatorios:

$$\bar{x} = \frac{1}{n}\sum_{i=1}^{n} x_i \quad , \qquad \bar{y} = \frac{1}{n}\sum_{i=1}^{n} y_i$$

$$S_{xx} = \sum_{i=1}^{n} x_i^2 - \frac{1}{n}\left(\sum_{i=1}^{n} x_i\right)^2 = \sum_{i=1}^{n}\left(x_i - \bar{x}\right)^2$$

$$S_{yy} = \sum_{i=1}^{n} y_i^2 - \frac{1}{n}\left(\sum_{i=1}^{n} y_i\right)^2 = \sum_{i=1}^{n}\left(y_i - \bar{y}\right)^2$$

$$S_{xy} = \sum_{i=1}^{n} y_i x_i - \frac{1}{n}\left(\sum_{i=1}^{n} y_i\right)\left(\sum_{i=1}^{n} x_i\right) = \sum_{i=1}^{n}\left(y_i - \bar{y}\right)\left(x_i - \bar{x}\right) = \sum_{i=1}^{n} y_i\left(x_i - \bar{x}\right)$$

A estos sumatorios se los denomina *sumatorios corregidos de cuadrados*.

De estas expresiones se observa que $\hat{\beta}_0$ y $\hat{\beta}_1$ son combinaciones lineales de las respuestas observadas y_i, por lo que siguen una distribución de probabilidades normal.

De esta forma la ecuación:

$$\hat{y} = \hat{\beta}_0 + \hat{\beta}_1 x$$

proporciona una *estimación puntual del valor medio de y* para una valor dado de *x*. A esta ecuación se la denomina *modelo de regresión lineal simple ajustado*, o simplemente *recta de regresión*.

Forma alternativa de la recta de regresión – La recta de regresión obtenida puede expresarse de una forma alternativa, que es útil para desarrollos posteriores. Para obtener esta forma alternativa, *se redefine la variable regresora* en el conjunto de ecuaciones que se obtienen al sustituir los n pares de datos del experimento en el modelo de regresión lineal simple. Para cada ecuación, la nueva variable regresora $x_i = x_i - \overline{x}$ es la desviación de cada valor x_i fijado por el experimentador con respecto al valor promedio de todos los valores fijados por el experimentador.

Así:

$$y_i = \beta_0' + \beta_1\left(x_i - \overline{x}\right) + \varepsilon_i \qquad\qquad i = 1,2,\ldots,n$$

donde:

$$\beta_0' = \beta_0 + \beta_1\overline{x}$$

por lo que las ecuaciones normales de mínimos cuadrados quedan de la forma:

$$n\hat{\beta}_0' = \sum_{i=1}^{n} y_i$$

$$\hat{\beta}_1 \sum_{i=1}^{n}\left(x_i - \overline{x}\right)^2 = \sum_{i=1}^{n} y_i\left(x_i - \overline{x}\right)$$

cuya solución se expresa entonces:

$$\hat{\beta}_1 = \frac{S_{xy}}{S_{xx}}$$

$$\hat{\beta}_0' = \overline{y}$$

De manera que la recta de regresión se puede expresar de la forma alternativa siguiente:

$$\hat{y} = \overline{y} + \hat{\beta}_1\left(x - \overline{x}\right)$$

Al punto $\left(\overline{x},\overline{y}\right)$ se le llama *centroide de los datos* y la recta de regresión siempre pasa por este punto.

Una ventaja asociada a la forma alternativa de la recta de regresión es que los estimadores $\hat{\beta}_0'$ y $\hat{\beta}_1$ *no están correlacionados*; esto es, $Cov\left(\widehat{\beta_0'},\widehat{\beta_1}\right) = 0$, lo que ayuda a simplificar los desarrollos matemáticos en algunas ocasiones.

$\hat{\beta}_1$ y $\hat{\beta}_0$ son estimadores puntuales de los parámetros poblacionales β_1 y β_0. Puede demostrarse a partir del teorema de la linealidad del valor medio que el estadístico $\hat{B}_1$ al que pertenece $\hat{\beta}_1$ es un estimador insesgado de β_1, y que el estadístico $\hat{B}_0$ al que pertenece $\hat{\beta}_0$ es un estimador insesgado de β_0. Lo cual escribiremos como:

$$\mu_{\hat{B}_1} = E\left(\hat{B}_1\right) = E\left(\hat{\beta}_1\right) = \beta_1$$

$$\mu_{\hat{B}_0} = E\left(\hat{B}_0\right) = E\left(\hat{\beta}_0\right) = \beta_0$$

Y a partir de la varianza de la combinación lineal de variables aleatorias puede obtenerse que sus varianzas son:

$$var\left(\hat{\beta}_1\right) = \frac{\sigma^2}{S_{xx}}$$

$$var\left(\hat{\beta}_0\right) = \sigma^2\left(\frac{1}{n} + \frac{\bar{x}^2}{S_{xx}}\right)$$

Si $\hat{y}_0 = \hat{\beta}_0 + \hat{\beta}_1 x_0$ es una estimación puntual del parámetro poblacional $E(y|x_0)$ para una valor particular de la variable regresora $x = x_0$, entonces a partir de la expresión de la recta de regresión puede observarse que el estadístico $E(y|x_0)$ al que pertenece $\hat{y}_0$ es un estimador insesgado de $E(y|x_0)$:

$$\mu_{\widehat{E(y|x_0)}} = E\left(\widehat{E\left(y|x_0\right)}\right) = E\left(\hat{y}_0\right) = E\left(\hat{\beta}_0 + \hat{\beta}_1 x_0\right) = E\left(y|x_0\right)$$

Su varianza puede determinarse mediante el uso de la forma alternativa de la recta de regresión:

$$var\left(\hat{y}_0\right) = var\left(\bar{y} + \hat{\beta}_1\left(x_0 - \bar{x}\right)\right) = \sigma^2\left(\frac{1}{n} + \frac{\left(x_0 - \bar{x}\right)^2}{S_{xx}}\right)$$

Estimación de σ^2

La estimación de σ^2 es necesaria para determinar el *grado de ajuste* existente entre la recta de regresión y los datos experimentales, establecer *intervalos de estimación* y realizar *contrastes de hipótesis* relativos al modelo de regresión.

Para ello es necesario definir el concepto de *residual* correspondiente a cada una de las respuestas observadas en el experimento a partir del que se obtiene la recta de regresión.

La diferencia entre el valor y_i obtenido en el experimento y el correspondiente *valor ajustado* $\hat{y}_i$ se denomina *residual* e_i:

$$e_i = y_i - \hat{y}_i = y_i - \left(\hat{\beta}_0 + \hat{\beta}_1 x_i \right) \qquad\qquad i = 1, 2, \ldots, n$$

Propiedades importantes de los residuales:

$$\sum_{i=1}^{n} e_i = 0$$

$$\sum_{i=1}^{n} x_i e_i = 0$$

$$\sum_{i=1}^{n} \hat{y}_i e_i = 0$$

A la *suma del cuadrado de los residuales* se la denomina SS_E:

$$SS_E = \sum_{i=1}^{n} e_i^2$$

Expresión que podemos desarrollar:

$$SS_E = \sum_{i=1}^{n} \left(y_i - \left(\hat{\beta}_0 + \hat{\beta}_1 x_i \right) \right)^2 = S_{yy} - \hat{\beta}_1 S_{xy}$$

Lo que nos permite observar que la suma del cuadrado de los residuales SS_E tiene *n - 2* grados de libertad, porque dos grados de libertad están asociados con las estimaciones $\hat{\beta}_1$ y $\hat{\beta}_0$.

Por tanto, una manera de caracterizar la dispersión de las respuestas experimentales alrededor de la recta de regresión, causada por la componente aleatoria *error* de los valores posibles de la variable Y, es mediante el *cuadrado medio de los residuales* que se representa por MS_E, y se define como:

$$MS_E = \frac{SS_E}{n - 2}$$

Puede demostrarse que el estadístico al que pertenece MS_E es un estimador insesgado de σ^2, y escribiremos:

$$\hat{\sigma}^2 = MS_E$$

Y por tanto:

$$E\left(MS_E\right)=\sigma^2$$

A la raíz cuadrada de $\hat{\sigma}^2$ se la denomina *error standard de la regresión*, $\hat{\sigma}$.

Ejemplo – La recta de regresión que se obtiene a partir de las observaciones experimentales representadas anteriormente de la magnitud de una estrella es:

$$\hat{y}=5.51870+0.00188\,x$$

y la estimación de la varianza del error:

$$\hat{\sigma}^2=0.01914$$

Por lo que el error standard de la regresión es:

$$\hat{\sigma}=0.138$$

Evaluación del grado de ajuste de la recta de regresión – El coeficiente de determinación

Los valores observados y_i del conjunto de n pares de datos (x_1, y_1), (x_2, y_2),..., (x_i, y_i),... (x_n, y_n) obtenidos en un experimento dado, se distribuyen alrededor del valor medio $\overline{y}$. Es de interés conocer cuáles son las causas de esta dispersión.

Dada la recta de regresión obtenida a partir de este conjunto de datos:

$$\hat{y}=\hat{\beta}_0+\hat{\beta}_1 x$$

podemos descomponer la diferencia entre cada uno de los valores observados y_i y el valor medio $\overline{y}$ en dos términos:

$$\left(y_i-\overline{y}\right)=\left(y_i-\hat{y}_i\right)+\left(\hat{y}_i-\overline{y}\right)$$

Una manera de poder caracterizar la dispersión de los valores observados alrededor de su valor medio consiste en elevar al cuadrado esta diferencia y realizar la suma para todos los valores observados. De esta forma se llega a la siguiente expresión:

$$\sum_{i=1}^{n}\left(y_i-\overline{y}\right)^2=\sum_{i=1}^{n}\left(y_i-\hat{y}_i\right)^2+\sum_{i=1}^{n}\left(\hat{y}_i-\overline{y}\right)^2$$

en la que no aparece el término:

$$2\sum_{i=1}^{n}\left(y_i - \hat{y}_i\right)\left(\hat{y}_i - \overline{y}\right) = 2\sum_{i=1}^{n}\hat{y}_i e_i - 2\overline{y}\sum_{i=1}^{n}e_i = 0$$

Lo cual se debe a las propiedades de los residuales.

Si introducimos la notación:

$$SS_R = \sum_{i=1}^{n}\left(\hat{y}_i - \overline{y}\right)^2$$

que denominamos *suma de cuadrados de la regresión*, podemos escribir que:

$$S_{yy} = SS_E + SS_R$$

Esta ecuación dice que la dispersión de las observaciones, medida por S_{yy}, es la suma de dos componentes:

- SS_R es la componente que mide la dispersión explicada por la recta de regresión.
- SS_E es la componente que mide la dispersión debida a fenómenos aleatorios.

Observemos que:

$$SS_R = S_{yy} - SS_E = S_{yy} - \left(S_{yy} - \hat{\beta}_1 S_{xy}\right) = \hat{\beta}_1 S_{xy}$$

Como S_{yy} tiene *n - 1* grados de libertad, porque tiene que cumplirse la restricción:

$$\sum_{i=1}^{n}\left(y_i - \overline{y}\right) = 0$$

Y hemos visto que SS_E tiene *n - 2* grados de libertad, entonces a partir de la propiedad aditiva de los grados de libertad se cumple que:

$$\left(n-1\right) = \left(n-2\right) + \text{grados de libertad de } SS_R$$

Por lo que SS_R tiene *n - 2* grados de libertad; es decir, está completamente determinado por un parámetro, que es $\hat{\beta}_1$.

Así, podemos definir el *cuadrado medio de la regresión* MS_R como:

$$MS_R = \frac{SS_R}{1}$$

Puede demostrarse que:

$$E\left(MS_R\right)=\sigma^2+\beta_1^2 S_{xx}$$

y que MS_R y MS_E son variables aleatorias independientes.
A la relación:

$$R^2=\frac{SS_R}{S_{yy}}=1-\frac{SS_E}{S_{yy}}=1-\frac{\left(n-2\right)}{S_{yy}}MS_E$$

se la denomina *coeficiente de determinación*, e informa sobre la proporción de la dispersión de la variable respuesta Y que está explicada por la recta de regresión; esto es, por la variable regresora x. Valores cercanos a 1 implican que la mayor parte de la dispersión de la variable respuesta está explicada por el modelo de regresión.

Ejemplo – El coeficiente de determinación de la recta de regresión que se obtiene a partir de las observaciones experimentales representadas anteriormente de la magnitud de una estrella es:

$$\mathrm{R}^2=1-\frac{\left(106-2\right)}{62.81039}0.01914=0.96832$$

Intervalos de estimación de β_0, β_1, σ^2

Además de las estimaciones puntuales de β_0 y β_1, y σ^2, pueden obtenerse los *intervalos de estimación*, los cuales informan sobre el grado de coincidencia de la estimación puntual con el parámetro poblacional.

Debido a que σ^2 no es conocida y se estima a partir de una muestra formada por n pares de datos experimentales, la distribución muestral de los estadísticos cuyos valores posibles son:

$$\frac{\hat{\beta}_1-\beta_1}{\sqrt{\dfrac{MS_E}{S_{xx}}}} \qquad y \qquad \frac{\hat{\beta}_0-\beta_0}{\sqrt{MS_E\left(\dfrac{1}{n}+\dfrac{\bar{x}^2}{S_{xx}}\right)}}$$

es una distribución t con $n-2$ grados de libertad.

Por lo que el intervalo de confianza del $(1-\alpha)100\%$ para la *pendiente* β_1 es:

$$\hat{\beta}_1-t_{\frac{\alpha}{2},\,n-2}\sqrt{\frac{MS_E}{S_{xx}}}<\beta_1<\hat{\beta}_1+t_{\frac{\alpha}{2},\,n-2}\sqrt{\frac{MS_E}{S_{xx}}}$$

Y el intervalo de confianza del $(1 - \alpha)100\%$ para la *ordenada en el origen* β_0 es:

$$\hat{\beta}_0 - t_{\frac{\alpha}{2}, n-2}\sqrt{MS_E\left(\frac{1}{n} + \frac{\bar{x}^2}{S_{xx}}\right)} < \beta_0 < \hat{\beta}_0 + t_{\frac{\alpha}{2}, n-2}\sqrt{MS_E\left(\frac{1}{n} + \frac{\bar{x}^2}{S_{xx}}\right)}$$

Como la distribución muestral del estadístico cuyos valores posibles son:

$$\frac{(n-2)MS_E}{\sigma^2}$$

es una distribución ji cuadrada con $n - 2$ grados de libertad, el intervalo de confianza del $(1 - \alpha)100\%$ para la *varianza del error* σ^2 es:

$$\frac{(n-2)MS_E}{\chi^2_{\frac{\alpha}{2}, n-2}} < \sigma^2 < \frac{(n-2)MS_E}{\chi^2_{1-\frac{\alpha}{2}, n-2}}$$

Ejemplo – La recta de regresión que se obtiene a partir de las observaciones experimentales representadas anteriormente de la magnitud de una estrella, se ha construido a partir de un conjunto de $n = 106$ pares de datos experimentales. Por tanto, los intervalos de confianza del 95% para β_0 y β_1, y σ^2 son los siguientes:

- Pendiente β_1

A partir de la tabla de valores críticos de la distribución t para $v = 106 - 2$ grados de libertad se obtiene:

$$t_{0.025, 104} = 1.985$$

Por lo que el intervalo de confianza del 95% para la pendiente β_1 es:

$$0.00188 - 1.985\sqrt{\frac{0.01914}{17263679}} < \beta_1 < 0.00188 + 1.985\sqrt{\frac{0.01914}{17263679}}$$

$$0.00188 - 0.00007 < \beta_1 < 0.00188 + 0.00007$$

$$0.00181 < \beta_1 < 0.00195$$

- Ordenada en el origen β_0

El intervalo de confianza del 95% para la ordenada en el origen β_0 es:

$$5.51870-1.985\sqrt{0.01914\left(\frac{1}{106}+\frac{(694.86)^2}{17263679}\right)}<\beta_0<5.51870+1.985\sqrt{0.01914\left(\frac{1}{106}+\frac{(694.86)^2}{17263679}\right)}$$

$$5.51870-0.05311<\beta_0<5.51870+0.05311$$

$$5.46559<\beta_0<5.57181$$

- varianza del error σ^2

A partir de la tabla de valores críticos de la distribución ji cuadrada para $v = 106 - 2$ grados de libertad se obtiene:

$$\chi^2_{0.975,104}=77.65$$

$$\chi^2_{0.025,104}=134.13$$

Por lo que el intervalo de confianza del 95% para la varianza del error σ^2 es:

$$\frac{(106-2)0.01914}{134.13}<\sigma^2<\frac{(106-2)0.01914}{77.65}$$

$$0.01484<\sigma^2<0.02564$$

Y el intervalo de confianza del 95% para la desviación standard del error σ es:

$$0.122<\sigma<0.160$$

Intervalo de estimación de $E(y|x_0)$

El valor $\hat{y}_0$ obtenido a través de la recta de regresión proporciona una estimación puntual del valor medio de y para $x = x_0$, $E(y|x_0)$.

Como la distribución muestral del estadístico cuyos valores posibles son:

$$\frac{\hat{y}_0-E\left(y|x_0\right)}{\sqrt{MS_E\left(\frac{1}{n}+\frac{\left(x_0-\overline{x}\right)^2}{S_{xx}}\right)}}$$

es una distribución t con $n - 2$ grados de libertad, el intervalo de confianza del $(1 - \alpha)100\%$ para el *valor medio de y para* $x = x_0$, $E(y|x_0)$ es:

$$\hat{y}_0 - t_{\frac{\alpha}{2}, n-2}\sqrt{MS_E\left(\frac{1}{n} + \frac{(x_0 - \bar{x})^2}{S_{xx}}\right)} < E(y|x_0) < \hat{y}_0 + t_{\frac{\alpha}{2}, n-2}\sqrt{MS_E\left(\frac{1}{n} + \frac{(x_0 - \bar{x})^2}{S_{xx}}\right)}$$

Ejemplo – Mediante la recta de regresión que se obtiene a partir de las observaciones experimentales representadas anteriormente de la magnitud de una estrella, puede estimarse el valor medio de la magnitud observada correspondiente al día de observación número 900.

Hemos obtenido la recta de regresión $\hat{y} = 5.51870 + 0.00188\,x$, por lo que para $x_0 = 900$ se obtiene $\hat{y}_0 = 7.21$, y el intervalo de confianza del 95% para el valor medio de la magnitud observada correspondiente al día de observación número 900 es:

$$7.21 - 1.985\sqrt{0.01914\left(\frac{1}{106} + \frac{(900 - 694.86)^2}{17263679}\right)} < E(y|900) < 7.21 + 1.985\sqrt{0.01914\left(\frac{1}{106} + \frac{(900 - 694.86)^2}{17263679}\right)}$$

$$7.21 - 0.03 < \mathrm{E}(y|900) < 7.21 + 0.03$$

$$7.18 < E(y|900) < 7.24$$

Predicción de nuevas observaciones

Una aplicación de la recta de regresión es la de *predecir* un nuevo valor de la variable de respuesta Y correspondiente a un valor de la variable regresora x dado.

Si x_0 es un valor particular de la variable regresora x, entonces $\hat{y}_0 = \hat{\beta}_0 + \hat{\beta}_1 x_0$ *también* es una estimación puntual de un nuevo valor y_0 de la variable respuesta correspondiente a x_0.

Para establecer el *intervalo de predicción* para una nueva observación y_0, recurriremos al estadístico cuyos valores posibles son $\hat{y}_0 - y_0$, el cual es una variable aleatoria normalmente distribuida, con media cero y varianza:

$$var(\hat{y}_0 - y_0) = \sigma^2\left(1 + \frac{1}{n} + \frac{(x_0 - \bar{x})^2}{S_{xx}}\right)$$

Por tanto, la distribución muestral del estadístico cuyos valores posibles son:

$$\frac{\left(\hat{y}_0 - y_0\right) - 0}{\sqrt{MS_E\left(1 + \dfrac{1}{n} + \dfrac{\left(x_0 - \overline{x}\right)^2}{S_{xx}}\right)}}$$

es una distribución t con $n - 2$ grados de libertad, por lo que el intervalo de confianza del $(1 - \alpha)100\%$ para una *nueva observación* y_0 *para* $x = x_0$ es:

$$\hat{y}_0 - t_{\frac{\alpha}{2},\, n-2}\sqrt{MS_E\left(1 + \frac{1}{n} + \frac{\left(x_0 - \overline{x}\right)^2}{S_{xx}}\right)} < y_0 < \hat{y}_0 + t_{\frac{\alpha}{2},\, n-2}\sqrt{MS_E\left(1 + \frac{1}{n} + \frac{\left(x_0 - \overline{x}\right)^2}{S_{xx}}\right)}$$

Ejemplo – En el experimento representado anteriormente en el que se han obtenido una serie de observaciones experimentales de la magnitud de una estrella, no se ha realizado ninguna observación en el día número 900.

A partir de la recta de regresión obtenida, puede estimarse que el valor de la observación correspondiente a $x_0 = 900$ es $\hat{y}_0 = 7.21$, y el intervalo de confianza del 95% para la predicción realizada sobre la observación de la magnitud de la estrella correspondiente al día de observación número 900 es:

$$7.21 - 1.985\sqrt{0.01914\left(1 + \frac{1}{106} + \frac{\left(900 - 694.86\right)^2}{17263679}\right)} < y_0 < 7.21 + 1.985\sqrt{0.01914\left(1 + \frac{1}{106} + \frac{\left(900 - 694.86\right)^2}{17263679}\right)}$$

$$7.21 - 0.28 < y_0 < 7.21 + 0.28$$

$$6.93 < y_0 < 7.49$$

Predicción de valores de la variable regresora

Otra aplicación de la recta de regresión es la de predecir el valor de la variable regresora x correspondiente a un valor observado dado de la variable de respuesta.

Si y_0 es un valor observado dado de la variable de respuesta Y, entonces la estimación puntual $\hat{x}_0$ del valor de la variable regresora x_0 a la que le corresponde la observación realizada, se obtiene a partir del estadístico dado por la función inversa de la recta de regresión:

$$\hat{x}_0 = \frac{1}{\hat{\beta}_1}\left(y_0 - \overline{y}\right) + \overline{x}$$

expresión que se ha obtenido a partir de la forma alternativa de la recta de regresión.

Si se expande este estadístico mediante una serie de Taylor, y se evalúa en el valor esperado de cada una de las variables aleatorias que lo forman, se puede *estimar* su varianza a partir de la expresión de la varianza de una combinación lineal de variables aleatorias *independientes*, que aplicada a este caso es:

$$var\left(\hat{x}_0\right) = \left[\frac{\partial \hat{x}_0}{\partial \hat{\beta}_1}\right]^2 var\left(\hat{\beta}_1\right) + \left[\frac{\partial \hat{x}_0}{\partial y_0}\right]^2 var\left(y_0\right) + \left[\frac{\partial \hat{x}_0}{\partial \overline{y}}\right]^2 var\left(\overline{y}\right)$$

Si desarrollamos, obtenemos:

$$var\left(\hat{x}_0\right) = \frac{\sigma^2}{\beta_1^2}\left(1 + \frac{1}{n} + \frac{\left(y_0 - \overline{y}\right)^2}{\beta_1^2 S_{xx}}\right)$$

y podemos aproximar la distribución muestral del estadístico cuyos valores posibles son:

$$\frac{\hat{x}_0 - x_0}{\sqrt{\frac{MS_E}{\hat{\beta}_1^2}\left(1 + \frac{1}{n} + \frac{\left(y_0 - \overline{y}\right)^2}{\hat{\beta}_1^2 S_{xx}}\right)}}$$

a una distribución t con n - 2 grados de libertad, por lo que el intervalo de confianza del $(1 - \alpha)100\%$ para el valor x_0 de la variable regresora a la que le corresponde la observación $y = y_0$ es:

$$\hat{x}_0 - t_{\frac{\alpha}{2}, n-2}\sqrt{\frac{MS_E}{\hat{\beta}_1^2}\left(1 + \frac{1}{n} + \frac{\left(y_0 - \overline{y}\right)^2}{\hat{\beta}_1^2 S_{xx}}\right)} < x_0 < \hat{x}_0 + t_{\frac{\alpha}{2}, n-2}\sqrt{\frac{MS_E}{\hat{\beta}_1^2}\left(1 + \frac{1}{n} + \frac{\left(y_0 - \overline{y}\right)^2}{\hat{\beta}_1^2 S_{xx}}\right)}$$

Ejemplo – Si en el experimento representado anteriormente en el que se han obtenido una serie de observaciones experimentales de la magnitud de una estrella, se observa una magnitud de 7.21, el intervalo de tiempo dentro del que puede obtenerse esta medida con un 95% de confianza viene dado por:

$$\hat{x}_0 = \frac{1}{0.00188}\left(7.21 - 6.82\right) + 694.9 = 902$$

$$902 - 1.985\sqrt{\frac{0.01914}{0.00188^2}\left(1 + \frac{1}{106} + \frac{\left(7.21 - 6.82\right)^2}{0.00188^2 \cdot 17263679}\right)} < x_0 < 902 + 1.985\sqrt{\frac{0.01914}{0.00188^2}\left(1 + \frac{1}{106} + \frac{\left(7.21 - 6.82\right)^2}{0.00188^2 \cdot 17263679}\right)}$$

$$902 - 147 < x_0 < 902 + 147$$

$$755 < x_0 < 1049$$

Contraste de hipótesis sobre la pendiente y la ordenada en el origen

Si a partir de un conjunto de datos experimentales queremos probar que la pendiente β_1 del modelo de regresión es igual a un cierto valor α, podemos realizar el siguiente contraste de hipótesis:

$$H_0 : \beta_1 = \alpha$$
$$H_1 : \beta_1 \neq \alpha$$

en el que la hipótesis alternativa es bilateral.

$\hat{\beta}_1$ es una combinación lineal de las respuestas observadas en el experimento, por lo que sigue una distribución de probabilidades normal con media β_1 y varianza $\frac{\sigma^2}{S_{xx}}$. Es por ello que el estadístico de prueba cuyos valores posibles son:

$$t = \frac{\hat{\beta}_1 - a}{\sqrt{\dfrac{MS_E}{S_{xx}}}}$$

tiene una distribución t con n - 2 grados de libertad.

Para un nivel de significancia α, se acepta H_0 si se cumple que:

$$-t_{\frac{\alpha}{2}, n-2} \leq t \leq t_{\frac{\alpha}{2}, n-2}$$

En caso contrario, se rechaza H_0 y se acepta la hipótesis alternativa H_1.

De forma similar podemos probar que la ordenada en el origen β_0 del modelo de regresión es igual a un cierto valor b. En este caso el contraste de hipótesis es:

$$H_0 : \beta_0 = b$$
$$H_1 : \beta_0 \neq b$$

en el que la hipótesis alternativa es bilateral.

Y los valores posibles del estadístico de prueba son:

$$t = \frac{\hat{\beta}_0 - b}{\sqrt{MS_E \left(\dfrac{1}{n} + \dfrac{\bar{x}^2}{S_{xx}} \right)}}$$

Ejemplo – En un experimento con un gas ideal en el que se quiere comprobar que se cumple la ley de los gases ideales:

$$PV = nRT$$

donde:

n: número de moles de gas

R: constante universal de los gases $= 0.08206$ atm L / (mol K)

T: temperatura absoluta del gas

Se han obtenido los siguientes resultados experimentales, para una cantidad de gas de $6.14 \cdot 10^{-3}$ moles y una temperatura constante de 25 °C:

Presión (atm)	Volumen (L)
0.9734	0.1544
1.0214	0.1480
1.0674	0.1416
1.1196	0.1351
1.1802	0.1287
1.2366	0.1223
1.3118	0.1158
1.3911	0.1094
1.4768	0.1030
1.5729	0.0965
1.6815	0.0901
1.8152	0.0837
1.9656	0.0772
2.0491	0.0740
2.1410	0.0708
2.2413	0.0676
2.3624	0.0644
2.4773	0.0611
2.6027	0.0579
2.7677	0.0547
2.9160	0.0515
3.1102	0.0483

Presión (atm)	Volumen (L)
3.3567	0.0450
3.6032	0.0418
3.9291	0.0386

La recta de regresión que se obtiene de estos datos es:

$$P(atm) = 0.0823 \frac{nT}{V(L)} + 0.0074$$

donde $nT = 1.8321$ mol K, con un coeficiente de determinación $R^2 = 0.99990$ y con los siguientes intervalos de confianza del 95% para la pendiente y la ordenada en el origen:

$$\hat{\beta}_1 = (0.0823 \pm 0.0004) \frac{atm\,L}{mol\,K}$$

$$\hat{\beta}_0 = (0.0074 \pm 0.0096)\,atm$$

Para saber si la pendiente de la recta de regresión es estadísticamente igual al valor establecido para la constante universal de los gases R, y si la ordenada en el origen es estadísticamente igual a cero, puede realizarse un contraste de hipótesis sobre estos dos parámetros.

a) Contraste de hipótesis sobre la pendiente

$$\hat{\beta}_1 = 0.0823$$

$$a = R = 0.08206$$

El valor del estadístico t para la pendiente es:

$$t = 1.323$$

y el valor crítico de la distribución t para un nivel de significancia de 0.05 y $(25 - 2)$ grados de libertad es:

$$t_{0.025,23} = 2.069$$

Por lo tanto, al cumplirse:

$$-t_{\frac{\alpha}{2}, n-2} \leq t \leq t_{\frac{\alpha}{2}, n-2}$$

Se acepta la hipótesis nula para la pendiente. De este modo puede decirse que no hay una diferencia estadística significativa entre el valor de la pendiente de la recta de regresión y el valor aceptado para la constante universal de los gases.

b) Contraste de hipótesis sobre la ordenada en el origen

$$\hat{\beta}_0 = 0.0074$$

$$b = 0$$

El valor del estadístico t para la ordenada en el origen es:

$$t = 1.599$$

y el valor crítico de la distribución t para un nivel de significancia de 0.05 y $(25 - 2)$ grados de libertad es:

$$t_{0.025,23} = 2.069$$

Por lo tanto, al cumplirse:

$$-t_{\frac{\alpha}{2}, n-2} \leq t \leq t_{\frac{\alpha}{2}, n-2}$$

Se acepta la hipótesis nula para la ordenada en el origen. De este modo puede decirse que no hay una diferencia estadística significativa entre el valor de la ordenada en el origen de la recta de regresión y cero.

Por lo que, como conclusión, puede decirse que los resultados obtenidos mediante este experimento parecen indicar que se ha comprobado el cumplimiento de la ley de los gases ideales.

Caso partícular – *Existencia de regresión lineal entre la variables respuesta y la variable regresora*

Si a partir de un conjunto de datos experimentales queremos probar que la pendiente β_1 del modelo de regresión es igual a cero, estamos queriendo probar que no hay una relación lineal entre la variable respuesta y la variable regresora. En este caso realizamos el siguiente contraste de hipótesis:

$$H_0 : \beta_1 = 0$$
$$H_1 : \beta_1 \neq 0$$

El estadístico de prueba en este caso es aquel cuyos valores posibles son:

$$t = \frac{\hat{\beta}_1 - 0}{\sqrt{\dfrac{MS_E}{S_{xx}}}}$$

Ejemplo – Se ha registrado la potencia de la señal recibida en un sistema de recepción dado de una serie de estaciones transmisoras de radio, y se quiere saber si puede establecerse una relación entre las pérdidas de transmisión $L_a(dB)$ por atenuación y la distancia existente entre el transmisor y el receptor, expresada en la forma correspondiente a la medida de potencia en dB, que como se indica a continuación es $\log\left(\dfrac{r}{\lambda}\right)$.

Los resultados experimentales obtenidos de $L_a(dB)$ a partir de la medida de $P_2(dB)$ para cada una de las estaciones recibidas se pueden ver en la siguiente tabla:

estación	P1(dB)	r (m)	lambda (m)	P2 (dB)	L(dB)	Li (dB)	y La (dB)	x log(r/lambda)
1	57.8	428000	512.8	-144.4	202.2	80.4	121.8	2.921
2	53.0	756000	438.6	-156.4	209.4	86.7	122.7	3.236
3	50.0	628000	411.5	-139.0	189.0	85.7	103.3	3.184
4	50.0	245000	387.6	-127.0	177.0	78.0	99.0	2.801
5	47.0	758000	378.8	-157.0	204.0	88.0	116.0	3.301
6	47.0	428000	314.5	-157.0	204.0	84.7	119.3	3.134
7	47.0	428000	300.3	-139.0	186.0	85.1	100.9	3.154
8	47.0	241000	537.6	-139.0	186.0	75.0	111.0	2.652
9	47.0	416000	529.1	-145.0	192.0	79.9	112.1	2.896
10	47.0	756000	497.5	-155.2	202.2	85.6	116.6	3.182
11	47.0	184000	469.5	-147.4	194.4	73.8	120.5	2.593
12	47.0	426000	456.6	-154.0	201.0	81.4	119.6	2.970
13	46.3	221000	483.1	-143.8	190.1	75.2	114.9	2.660
14	43.0	428000	370.4	-157.0	200.0	83.2	116.8	3.063
15	43.0	183000	320.5	-139.0	182.0	77.1	104.9	2.757
16	40.0	840000	401.6	-157.0	197.0	88.4	108.6	3.320
17	40.0	359000	340.1	-145.0	185.0	82.5	102.5	3.023
18	40.0	409000	303.0	-149.8	189.8	84.6	105.2	3.130
19	40.0	152000	297.6	-145.0	185.0	76.1	108.9	2.708
20	40.0	349000	287.4	-145.0	185.0	83.7	101.3	3.084
21	40.0	409000	333.3	-151.0	191.0	83.8	107.2	3.089
22	40.0	747000	463.0	-157.0	197.0	86.1	110.9	3.208
23	40.0	416000	421.9	-155.2	195.2	81.9	113.3	2.994
24	40.0	428000	358.4	-156.4	196.4	83.5	112.9	3.077
25	37.0	643000	308.6	-154.0	191.0	88.4	102.6	3.319

Donde:

$P_1(dB)$: Potencia del transmisor
$r(m)$: distancia entre transmisor y receptor
$\lambda(m)$: longitud de la onda transmitida
$P_2(dB)$: Potencia de la señal recibida

$L(dB) = P_t(dB) - P_2(dB)$: Pérdidas de transmisión

$L_a(dB) = L(dB) - L_i(dB)$: Pérdidas de transmisión por atenuación, debida a las características reales del medio de transmisión, que lo hacen distinto del espacio líbre.

$L_i(dB) = 20\log(4\pi) + 20\log\left(\dfrac{r}{\lambda}\right)$: Pérdidas de transmisión *isotrópicas*, que son las que se esperan en un enlace de radio isotrópico, en el que la transmisión se realiza en el espacio libre.

La recta de regresión que se obtiene para estos datos es:

$$L_a(dB) = -3.090\log\left(\dfrac{r}{\lambda}\right) + 120.2$$

Y el cálculo del estadístico de prueba para la pendiente es:

$MS_E = 53.28$
$S_{xx} = 1.14$
$t = -0.452$

El valor crítico de la distribución t para un nivel de significancia de 0.05 y (25 -2) grados de libertad es:

$$t_{0.025,23} = 2.069$$

Por lo tanto, al cumplirse:

$$-t_{\frac{\alpha}{2},n-2} \leq t \leq t_{\frac{\alpha}{2},n-2}$$

Se acepta la hipótesis nula para la pendiente. De este modo puede decirse que no hay una diferencia estadística significativa entre el valor de la pendiente de la recta de regresión y cero.

Por lo que, como conclusión, puede decirse que, en el rango de distancias del conjunto de estaciones transmisoras de radio registradas no se observa una relación lineal entre las pérdidas por atenuación y la distancia entre el transmisor y el receptor.

Las pérdidas por atenuación observadas se distribuyen según se muestra en la siguiente gráfica:

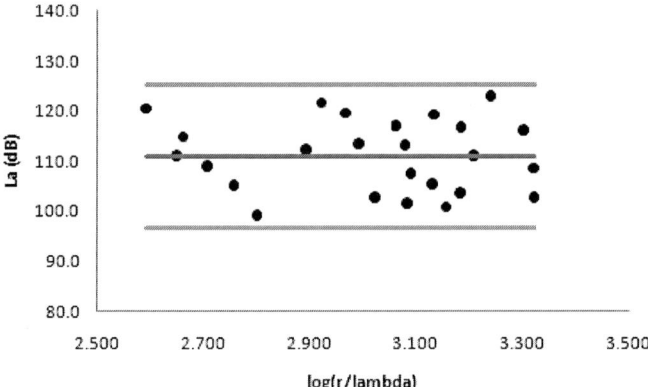

De acuerdo con esta gráfica podemos decir que el mejor estimador de $L_a(dB)$ para cualquier distancia expresada como $\log\left(\dfrac{r}{\lambda}\right)$ dentro del rango de distancias del experimento es $\widehat{L_a}(dB) = \overline{L_a}(dB)$

Así, con un valor medio $\overline{L_a}(dB) = 110.9$ y una desviación standard $s = 7.2$, el intervalo de confianza del 95% de las pérdidas por atenuación de nuestra estación receptora al recibir la señal de una estación transmisora dada, situada dentro del rango de distancias del experimento es:

$$L_a(dB) = \overline{L_a}(dB) \pm t_{\frac{\alpha}{2}, n-1} \frac{s}{\sqrt{n}} = 110.9 \pm 2.064 \frac{7.2}{\sqrt{25}}$$

$$L_a(dB) = 110.9 \pm 3.0$$

Sin embargo, si se amplían las observaciones a un rango de distancias que incluya a las siguientes estaciones transmisoras situadas más cerca del sistema de recepción, con $\log\left(\dfrac{r}{\lambda}\right) < 2.4$:

estación	P1(dB)	r (m)	lambda (m)	P2 (dB)	L(dB)	Li (dB)	y La (dB)	x log(r/lambda)
26	57.8	78000	406.5	-121.0	178.8	67.6	111.1	2.283
27	50.0	78000	520.8	-133.0	183.0	65.5	117.5	2.175
28	47.0	67000	450.5	-145.6	192.6	65.4	127.2	2.172
29	47.0	78000	383.1	-145.0	192.0	68.2	123.8	2.309
30	47.0	86000	555.6	-143.2	190.2	65.8	124.4	2.190
31	40.0	67000	490.2	-136.0	176.0	64.7	111.3	2.136
32	37.0	71000	362.3	-151.0	188.0	67.8	120.2	2.292

y realizamos el contraste de hipótesis sobre la pendiente para probar con el total de observaciones si hay una relación lineal entre las pérdidas por atenuación y la distancia entre el transmisor y el receptor, obtenemos el siguiente resultado:

La recta de regresión que se obtiene para estos datos es:

$$L_a\left(dB\right) = -8.651 \log\left(\frac{r}{\lambda}\right) + 137.3$$

Y el cálculo del estadístico de prueba para la pendiente es:

$MS_E = 50.74$
$S_{xx} = 4.63$
$t = -2.614$

El valor crítico de la distribución t para un nivel de significancia de 0.05 y (32 -2) grados de libertad es:

$$t_{0.025,30} = 2.042$$

Por lo tanto, al no cumplirse:

$$-t_{\frac{\alpha}{2}, n-2} \leq t \leq t_{\frac{\alpha}{2}, n-2}$$

se rechaza la hipótesis nula para la pendiente, y se acepta la hipótesis alternativa que indica que no puede descartarse la existencia de una relación lineal entre las pérdidas por atenuación y la distancia entre el transmisor y el receptor.

Las pérdidas por atenuación observadas se distribuyen entonces según se muestra en la siguiente gráfica:

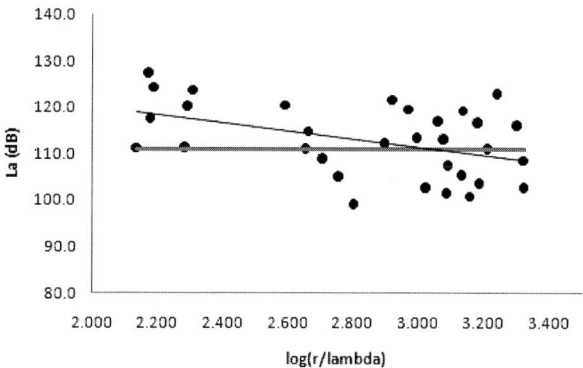

En esta gráfica puede verse que las pérdidas por atenuación son superiores a 110.9 dB cuando $\log\left(\frac{r}{\lambda}\right) < 2.4$. El valor medio de las pérdidas por atenuación de las siete observaciones adicionales realizadas a estaciones más cercanas al receptor que el conjunto inicial es de 119.3 dB.

Modelo de regresión lineal simple a través del origen

En algunas ocasiones la variable respuesta y la variable regresora están relacionadas mediante una recta que pasa por el origen. En este caso, el modelo de regresión se denomina *modelo de regresión lineal simple a través del origen* y su expresión es:

$$y = \beta_1 x + \varepsilon$$

y tenemos que:

$$E(Y) = E(y|x) = E(y) = \beta_1 x$$

Para una muestra formada por n pares de datos (x_1, y_1), (x_2, y_2), ..., (x_i, y_i), ..., (x_n, y_n) obtenidos en un experimento dado, la función de mínimos cuadrados es entonces:

$$S(\beta_1) = \sum_{i=1}^{n} \varepsilon_i^2 = \sum_{i=1}^{n} \left(y_i - \beta_1 x_i \right)^2$$

Y la aplicación del método de mínimos cuadrados permite obtener la estimación puntual de la pendiente β_1:

$$\hat{\beta}_1 = \frac{S'_{xy}}{S'_{xx}}$$

donde se ha introducido la siguiente notación para expresar los sumatorios:

$$S'_{xx} = \sum_{i=1}^{n} x_i^2$$

$$S'_{yy} = \sum_{i=1}^{n} y_i^2$$

$$S'_{xy} = \sum_{i=1}^{n} y_i x_i$$

Por lo que la recta de regresión tiene la forma:

$$\hat{y} = \hat{\beta}_1 x$$

y proporciona una estimación puntual del valor medio de y para una valor dado de x.

El estadístico $\hat{B}_1$ al que pertenece $\hat{\beta}_1$ es un estimador insesgado de β_1:

$$\mu_{\hat{B}_1} = E\left(\hat{B}_1\right) = E\left(\hat{\beta}_1\right) = \beta_1$$

y su varianza es:

$$var\left(\hat{\beta}_1\right) = \frac{\sigma^2}{S'_{xx}}$$

Si $\hat{y}_0 = \hat{\beta}_1 x_0$ es una estimación puntual del parámetro poblacional $E(y|x_0)$ para una valor particular de la variable regresora $x = x_0$, entonces el estadístico $\widehat{E\left(y|x_0\right)}$ al que pertenece $\hat{y}_0$ es un estimador insesgado de $E(y|x_0)$:

$$\mu_{\widehat{E\left(y|x_0\right)}} = E\left(\widehat{E\left(y|x_0\right)}\right) = E\left(\hat{y}_0\right) = E\left(\hat{\beta}_0 + \hat{\beta}_1 x_0\right) = E\left(y|x_0\right)$$

Y su varianza es:

$$var\left(\hat{y}_0\right) = var\left(\hat{\beta}_1 x_0\right) = \sigma^2 \frac{x_0^2}{S'_{xx}}$$

La estimación de σ^2 se realiza a partir de la suma del cuadrado de los residuales SS_E promediada por el número de grados de libertad de SS_E; es decir, mediante el cuadrado medio de los residuales MS_E. En este caso, SS_E tiene n -1 grados de libertad porque un grado de libertad está asociado a la estimación $\hat{\beta}_1$, tal y como se puede observar en la expresión desarrollada de SS_E:

$$SS_E = \sum_{i=1}^{n} e_i^2 = \sum_{i=1}^{n}\left(y_i - \hat{y}_i\right)^2 = \sum_{i=1}^{n}\left(y_i - \hat{\beta}_1 x_i\right)^2 = S'_{yy} - \hat{\beta}_1 S'_{xx}$$

Por tanto:

$$\hat{\sigma}^2 = MS_E = \frac{SS_E}{n-1}$$

Intervalos de estimación de B_1, σ^2 y $E(y|x_0)$

- Pendiente β_1

El intervalo de confianza del $(1 - \alpha)100\%$ para la pendiente β_1 es:

$$\hat{\beta}_1 - t_{\frac{\alpha}{2}, n-1}\sqrt{\frac{MS_E}{S'_{xx}}} < \beta_1 < \hat{\beta}_1 + t_{\frac{\alpha}{2}, n-1}\sqrt{\frac{MS_E}{S'_{xx}}}$$

- Varianza del error σ^2

El intervalo de confianza del $(1 - \alpha)100\%$ para la varianza del error σ^2 es:

$$\frac{(n-1)MS_E}{\chi^2_{\frac{\alpha}{2},n-1}} < \sigma^2 < \frac{(n-1)MS_E}{\chi^2_{1-\frac{\alpha}{2},n-1}}$$

- Valor medio de y para $x = x_0$, $E(y|x_0)$

El intervalo de confianza del $(1 - \alpha)100\%$ para el valor medio de y para $x = x_0$, $E(y|x_0)$ es:

$$\widehat{y_0} - t_{\frac{\alpha}{2},n-1}\sqrt{MS_E\frac{x_0^2}{S'_{xx}}} < E(y \mid x_0) < \widehat{y_0} + t_{\frac{\alpha}{2},n-1}\sqrt{MS_E\frac{x_0^2}{S'_{xx}}}$$

Intervalo de predicción de una nueva observación y_0

El intervalo de confianza del $(1 - \alpha)100\%$ para una nueva observación y_0 para $x = x_0$ es:

$$\hat{y}_0 - t_{\frac{\alpha}{2}, n-1}\sqrt{MS_E\left(1+\frac{x_0^2}{S'_{xx}}\right)} < y_0 < \hat{y}_0 + t_{\frac{\alpha}{2}, n-1}\sqrt{MS_E\left(1+\frac{x_0^2}{S'_{xx}}\right)}$$

El coeficiente de determinación

Dada la expresión de la descomposición de la diferencia $\left(y_i - \bar{y}\right)$ en dos términos:

$$\left(y_i - \bar{y}\right) = \left(y_i - \hat{y}_i\right) + \left(\hat{y}_i - \bar{y}\right)$$

Si elevamos al cuadrado los dos miembros de la ecuación y realizamos la suma para todos los valores observados:

$$\sum_{i=1}^{n}\left(y_i - \bar{y}\right)^2 = \sum_{i=1}^{n}\left(y_i - \hat{y}_i\right)^2 + \sum_{i=1}^{n}\left(\hat{y}_i - \bar{y}\right)^2 + 2\sum_{i=1}^{n}\left(y_i - \hat{y}_i\right)\left(\hat{y}_i - \bar{y}\right)$$

tenemos que por lo general, en el caso del modelo de regresión lineal simple a través del origen, el término:

$$2\sum_{i=1}^{n}\left(y_i - \hat{y}_i\right)\left(\hat{y}_i - \bar{y}\right) \neq 0$$

porque en este modelo normalmente la media de los residuales es distinta de cero.

Por ello, es necesario evaluar la dispersión de los valores observados *entorno al origen* en lugar de entorno al valor medio $\overline{y}$. Así, la descomposición de la diferencia $(y_i - 0)$ en dos términos queda del siguiente modo:

$$(y_i - 0) = (y_i - \hat{y}_i) + (\hat{y}_i - 0)$$

Si elevamos al cuadrado los dos miembros de la ecuación y realizamos la suma para todos los valores observados:

$$\sum_{i=1}^{n} y_i^2 = \sum_{i=1}^{n}(y_i - \hat{y}_i)^2 + \sum_{i=1}^{n}\hat{y}_i^2 + 2\sum_{i=1}^{n}(y_i - \hat{y}_i)\hat{y}_i$$

de manera que:

$$2\sum_{i=1}^{n}(y_i - \hat{y}_i)\hat{y}_i = 2\hat{\beta}_1\left(S_{xy}' - \hat{\beta}_1 S_{xx}'\right) = 2\hat{\beta}_1\left(S_{xy}' - \frac{S_{xy}'}{S_{xx}'}S_{xx}'\right) = 0$$

Por lo que la ecuación que permite evaluar la dispersión de los valores observados entorno al origen queda de la siguiente forma:

$$\sum_{i=1}^{n} y_i^2 = \sum_{i=1}^{n}(y_i - \hat{y}_i)^2 + \sum_{i=1}^{n}\hat{y}_i^2$$

Si introducimos la notación:

$$SS_R' = \sum_{i=1}^{n}\hat{y}_i^2$$

podemos escribir que:

$$S_{yy}' = SS_E + SS_R'$$

Esta ecuación dice que la dispersión de las observaciones entorno al origen, medida por S_{yy}', es la suma de dos componentes:

* SS_R' es la componente que mide la dispersión entorno al origen explicada por la recta de regresión.
* SS_E es la componente que mide la dispersión debida a fenómenos aleatorios.

La relación:

$$R_0^2 = \frac{SS_R'}{S_{yy}'} = 1 - \frac{SS_E}{S_{yy}'} = 1 - \frac{(n-1)}{S_{yy}'} MS_E$$

es el *coeficiente de determinación para el modelo de regresión lineal simple a través del origen*, e informa sobre la proporción de la dispersión entorno al origen de la variable respuesta Y que está explicada por la recta de regresión; esto es, por la variable regresora x.

Ejemplo – En el ejemplo de experimento con un gas ideal visto anteriormente se ha obtenido una recta de regresión cuya ordenada en el origen no presenta una diferencia estadísticamente significativa de cero. Esto es una indicación de que puede ser adecuado el modelo de regresión lineal simple a través del origen.

Así, la recta de regresión a través del origen que se obtiene en este caso es:

$$P(atm) = 0.0825 \frac{nT}{V(L)}$$

donde nT = 1.8321 mol K, con un coeficiente de determinación $R_0^2 = 0.99998$ y con el siguiente intervalo de confianza del 95% para la pendiente:

$$\hat{\beta}_1 = (0.0825 \pm 0.0001) \frac{atm\,L}{mol\,K}$$

A través de un contraste de hipótesis sobre la pendiente puede comprobarse que sí existe una diferencia estadísticamente significativa entre el valor de la pendiente de la recta de regresión a través del origen obtenida en el experimento considerado y el valor aceptado para la constante universal de los gases, que es $R = 0.08206$ atm L / (mol K).

Por lo que, como conclusión, puede decirse que un análisis posterior de los resultados de este experimento indica que pueden haberse cometido errores experimentales que conduzcan a obtener un valor para la constante de los gases ideales sesgado con respecto al valor aceptado.

CORRELACIÓN

El Análisis de Regresión permite obtener modelos matemáticos que describen las relaciones existentes entre variables. Se ha analizado el caso en el que una variable aleatoria que hemos denominado *variable respuesta* depende de una *variable regresora* controlada por el experimentador. Sin embargo, en muchas ocasiones las variables regresoras no están controladas por el experimentador y también son a su vez *variables aleatorias*.

Para estudiar la relación existente entre variables aleatorias, analizaremos el caso más simple en el que *dos* variables aleatorias están relacionadas. Para llevar a cabo este análisis, partiremos en primer lugar de un experimento en el que la variable regresora sí está controlada por el experimentador y realizaremos a continuación una comparación con la relación que se establece entre la variable respuesta y la variable regresora cuando esta última deja de estar controlada por el experimentador y pasa a ser una variable aleatoria.

A) Regresión lineal entre una variable aleatoria y una variable controlada

Consideremos en primer lugar el experimento en el que se han obtenido 500 observaciones de una variable respuesta aleatoria Y, afectada por un error de medida ϵ cuyos valores posibles ε siguen una ley de distribución de probabilidades normal $N(0, \sigma)$. Las observaciones y de la variable respuesta Y se han obtenido para cada uno de los 500 valores de la variable controlada por el experimentador x, los cuales van desde $x = 6$ hasta $x = 14$ en incrementos de 0.016 unidades.

Si representamos los datos experimentales en la gráfica de dispersión se obtiene la siguiente representación:

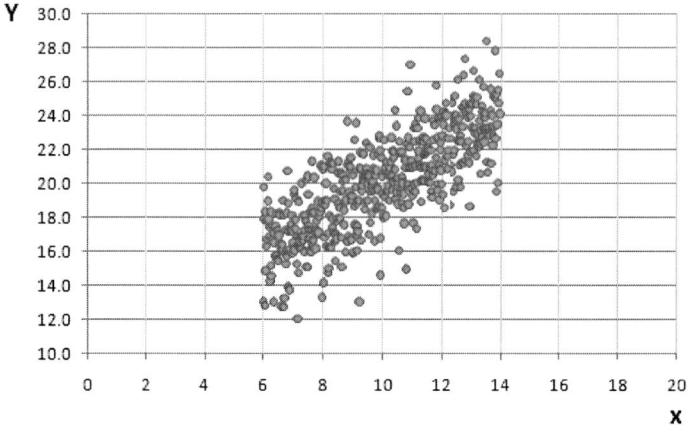

El modelo matemático que describe la relación existente entre estas dos variables es el modelo de regresión lineal simple:

$$y = \beta_0 + \beta_1 x + \varepsilon$$

Los coeficientes de regresión β_0 y β_1 pueden ser estimados por el método de mínimos cuadrados:

$$\hat{\beta}_0 = 9.577$$

$$\hat{\beta}_1 = 1.037$$

y la desviación estándar del error puede ser estimada a partir del cuadrado medio de los residuales:

$$\hat{\sigma} = 1.950$$

Estas estimaciones puntuales de β_0, β_1 y σ tienen asociadas unos intervalos de estimación. Así, los intervalos de confianza del 95% para β_0, β_1 y σ son:

$$8.832 < \beta_0 < 10.322; \text{es decir,} \hat{\beta}_0 \text{ con un rango de variación de} \pm 8\% \text{de } \hat{\beta}_0$$

$$0.963 < \beta_1 < 1.111; \text{es decir,} \hat{\beta}_1 \text{ con un rango de variación de} \pm 7\% \text{de } \hat{\beta}_1$$

$$1.835 < \sigma < 2.079; \text{es decir,} \hat{\sigma} \text{ con un rango de variación de} \pm 6\% \text{de } \hat{\sigma}$$

El valor medio de la variable respuesta para cada valor dado de la variable regresora puede ser estimado de forma puntual mediante la recta de regresión:

$$\hat{y} = \hat{\beta}_0 + \hat{\beta}_1 x = 9.577 + 1.037x$$

y la proporción de la dispersión de los valores observados de la variable aleatoria respuesta alrededor de su media muestral $\bar{y}$ que está explicada por la recta de regresión (esto es, por la variable regresora x) viene dada por el coeficiente de determinación:

$$R^2 = 0.6024$$

B) Correlación entre dos variables aleatorias

Consideremos ahora que se dispone de 500 observaciones pertenecientes a dos variables aleatorias X e Y distribuidas de forma conjunta, y que cada una de ellas sigue una distribución de probabilidades normal $N(\mu_X, \sigma_X)$ y $N(\mu_Y, \sigma_Y)$ respectivamente.

Para poder realizar una comparación con el primer caso analizado en el que la variable regresora es una variable controlada, se ha establecido que el 99.7% de los valores de la variable aleatoria X de estas observaciones se sitúan dentro del intervalo:

$$(\mu_X - 3\sigma_X, \mu_X + 3\sigma_X) = (6,14)$$

Es decir; dentro del mismo rango de variación de la variable controlada por el experimentador en el primer caso analizado.

También se ha establecido que la desviación standard del error aleatorio asociado a cada valor observado de la variable aleatoria Y correspondiente a cada valor dado de la variable aleatoria X sea σ, es decir; la misma que en el primer caso analizado.

Si representamos los datos experimentales en la gráfica de dispersión se obtiene la siguiente representación:

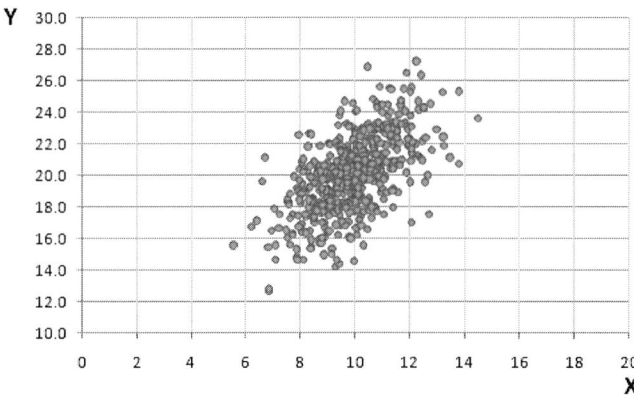

Se puede observar a partir de los datos experimentales obtenidos que existe una dependencia entre las variables aleatorias Y y X. El grado de dependencia entre dos variables aleatorias viene descrito por la característica teórica denominada *covarianza*, que se define del siguiente modo:

$$cov(X, Y) = E((X - \mu_X)(Y - \mu_Y))$$

En muchas ocasiones es más conveniente evaluar el grado de dependencia mediante el *coeficiente de correlación*, que se define del siguiente modo:

$$\rho = \frac{cov(X,Y)}{\sigma_X \, \sigma_Y}$$

A medida que aumenta el grado de dependencia entre dos variables aleatorias, el valor absoluto del coeficiente de correlación se sitúa mas cerca de 1.

De acuerdo con este diagrama de dispersión, el modelo matemático que describe la relación existente entre las variables aleatorias Y y X viene dado por la relación lineal:

$$Y = \beta_0 + \beta_1 X + \epsilon$$

Donde ϵ es la variable aleatoria formada por las diferencias entre los valores posibles de Y y los que se obtienen a través de la función lineal de X, $\tilde{Y} = \beta_0 + \beta_1 X$, y la denominaremos *error*.

La función lineal que mejor describe la relación entra las variables aleatorias Y y X es la que presenta un error menor. Así, *para establecer los coeficientes β_0, β_1 se minimizará la esperanza matemática del error* mediante el método de minimos cuadrados. La función de mínimos cuadrados es:

$$\Phi(\beta_0, \beta_1) = E(\epsilon^2) = E[(Y - \beta_0 - \beta_1 X)^2]$$

Si se desarrolla el cuadrado $(Y - \beta_0 - \beta_1 X)^2$ y se tiene en cuenta la linealidad de la esperanza matemática:

$$\Phi(\beta_0, \beta_1) = E(Y^2) - 2\beta_1 E(XY) - 2\beta_0 E(Y) + \beta_1^2 E(X^2) + 2\beta_0 \beta_1 E(X) + \beta_0^2$$

entonces las condiciones que tienen que cumplirse para que $\phi(\beta_0, \beta_1)$ sea mínima son:

$$\frac{\partial \Phi(\beta_0, \beta_1)}{\partial \beta_0} = -2\left[E(Y) - \beta_0 - \beta_1 E(X)\right] = 0$$

$$\frac{\partial \Phi(\beta_0, \beta_1)}{\partial \beta_1} = -2\left[E(XY) - \beta_0 E(X) - \beta_1 E(X^2)\right] = 0$$

Si desarrollamos y tenemos en cuenta las siguientes propiedades de la varianza y de la covarianza:

$$var(X) = E(X^2) - E(X)^2$$

$$cov(X, Y) = E(XY) - E(X)E(Y)$$

obtenemos las dos soluciones al sistema de ecuaciones anterior:

$$\beta_1 = \frac{cov(X,Y)}{var(X)} = \rho \frac{\sigma_Y}{\sigma_X}$$

$$\beta_0 = E(Y) - \beta_1 E(X) = \mu_Y - \beta_1 \mu_X$$

De esta forma la función lineal de la variable aleatoria X:

$$\tilde{Y} = \beta_0 + \beta_1 X$$

proporciona la mejor explicación de la dependencia entre las variables aleatorias Y y X, y recibe el nombre de *recta de regresión de mínimos cuadrados de Y sobre X*.

- *Principales características teóricas de $\tilde{Y}$* – A partir de la expresión de la variable aleatoria $\tilde{Y}$ puede observarse que:

$$E(\tilde{Y}) = E(Y) = \mu_Y$$

$$var(\tilde{Y}) = \beta_1^2 var(X) = \frac{\left[cov(X,Y)\right]^2}{var(X)} = \rho^2 \sigma_Y^2 = \rho^2 var(Y)$$

- *Evaluación del error ϵ* – Una vez definida la función lineal de la variable aleatoria X que proporciona la mejor explicación de la dependencia entre las variables aleatorias Y y X, podemos evaluar el error que se comete al explicar la variable aleatoria Y mediante la variable aleatoria $\tilde{Y}$. Este error viene dado por la variable aleatoria *error ϵ*, la cual también podemos denominar como *error de la regresión*:

$$\epsilon = Y - \tilde{Y}$$

Las principales características teóricas del error de la regresión ϵ son:

$$E(\epsilon) = 0$$

$$var(\epsilon) = E(\epsilon^2) = \sigma^2 = var(Y) - var(\tilde{Y}) = var(Y)(1 - \rho^2) = \sigma_Y^2(1 - \rho^2)$$

• *Evaluación del grado de ajuste de la recta de regresión de mínimos cuadrados de Y sobre X* – A partir de la expresión de la varianza del error de la regresión, podemos observar que:

$$var(Y) = var(\tilde{Y}) + var(\epsilon)$$

Esta expresión indica que la dispersión de los valores de la variable aleatoria Y alrededor de su valor medio puede descomponerse como suma de la dispersión explicada por la recta de regresión de mínimos cuadrados de Y sobre X, y de la dispersión no explicada dada por el error de la regresión.

Así, a partir de la expresión de $var(\epsilon)$, podemos obtener la siguiente relación:

$$\rho^2 = \frac{var(\tilde{Y})}{var(Y)}$$

La cual indica que el *cuadrado del coeficiente de correlación* informa sobre la proporción de la dispersión de la variable respuesta Y que está explicada por la recta de regresión de mínimos cuadrados de Y sobre X.

• *Estimación del coeficiente de correlación* – El coeficiente de correlación ρ es un parámetro poblacional del vector aleatorio bidimensional (X, Y) formado por las variables aleatorias X e Y que se distribuyen de forma conjunta, y que informa sobre el grado de dependencia existente entre ellas. El coeficiente de correlación ρ puede estimarse a partir de una muestra formada por los n pares de datos del vector aleatorio bidimensional (X, Y) obtenidos en un experimento dado: $(x_1, y_1), (x_2, y_2),..., (x_i, y_i),... (x_n, y_n)$. El estimador del coeficiente de correlación ρ se denomina *coeficiente de correlación muestral*, y su expresión es:

$$\hat{\rho} = r = \frac{S_{xy}}{\sqrt{S_{xx}S_{yy}}}$$

En el caso considerado:

$$\hat{\rho} = r = 0.6020$$

- *Estimación de los coeficientes de la recta de regresión de mínimos cuadrados de Y sobre X* - Los coeficientes β_0 y β_1 pueden ser estimados a partir de los datos experimentales disponibles sobre los valores posibles de las variables aleatorias X e Y a partir de las siguientes expresiones:

$$\hat{\beta}_1 = r\frac{s_Y}{s_X}$$

$$\hat{\beta}_0 = \overline{y} - \hat{\beta}_1\overline{x}$$

donde:

$$\overline{x} = \frac{1}{n}\sum_{i=1}^{n}x_i \ , \qquad\qquad \overline{y} = \frac{1}{n}\sum_{i=1}^{n}y_i$$

$$s_x = \sqrt{\frac{1}{n-1}\sum_{i=1}^{n}\left(x_i - \overline{x}\right)^2} \ , \qquad s_y = \sqrt{\frac{1}{n-1}\sum_{i=1}^{n}\left(y_i - \overline{y}\right)^2}$$

En el caso considerado:

$$\hat{\beta}_0 = 9.250$$

$$\hat{\beta}_1 = 1.085$$

Lo que nos permite *estimar* la función lineal de la variable aleatoria X que proporciona la mejor explicación de la dependencia entre las variables aleatorias Y y X consideradas:

$$\hat{\tilde{Y}} = 9.250 + 1.085\,X$$

Y una *estimación* de la proporción de la dispersión de la variable respuesta Y que está explicada por la función lineal de X; es decir, por $\tilde{Y}$, es:

$$\widehat{\rho^2} = r^2 = 0.3624$$

- *Estimación de la desviación standard del error que se comete al explicar la variable aleatoria Y mediante la variable aleatoria* $\tilde{Y}$ - La desviación standard del error σ puede ser estimada a partir de los datos experimentales disponibles sobre los valores posibles de las variables aleatorias X e Y a partir de las siguiente expresión:

$$\hat{\sigma} = s_Y\sqrt{\left(1 - r^2\right)}$$

En el caso considerado:

$$\hat{\sigma} = 1.996$$

- *Intervalos de estimación de β_0 y β_1* – El intervalo de estimación de estos parámetros puede establecerse a partir de la *observación* de cómo se distribuyen los estadísticos $\hat{B}_0$ y $\hat{B}_1$ a los que pertenecen las estimaciones puntuales $\hat{\beta}_0, \hat{\beta}_1$. Para ello, podemos tomar una muestra de tamaño n del estadístico $\hat{B}_0$ y una muestra de tamaño n del estadístico $\hat{B}_1$, y calcular para cada muestra las desviaciones standard muestrales $s_{\hat{B}_0}$ y $s_{\hat{B}_1}$.

Así, si los estadísticos $\hat{B}_0$ y $\hat{B}_1$ son estimadores insesgados de $\hat{\beta}_0$, $\hat{\beta}_1$, entonces la distribución muestral de los estadísticos cuyos valores posibles son:

$$\frac{\hat{\beta}_0 - \beta_0}{s_{\hat{B}_0}} \qquad y \qquad \frac{\hat{\beta}_1 - \beta_1}{s_{\hat{B}_1}}$$

es una distribución t con $(n - 1)$ grados de libertad.

Por lo que los intervalos de confianza del $(1 - \alpha)100\%$ para β_0 y β_1 son:

$$\hat{\beta}_0 - t_{\frac{\alpha}{2}, n-1} \, s_{\hat{B}_0} < \beta_0 < \hat{\beta}_0 + t_{\frac{\alpha}{2}, n-1} \, s_{\hat{B}_0}$$

$$\hat{\beta}_1 - t_{\frac{\alpha}{2}, n-1} \, s_{\hat{B}_1} < \beta_1 < \hat{\beta}_1 + t_{\frac{\alpha}{2}, n-1} \, s_{\hat{B}_1}$$

Consideremos pues $n = 100$ grupos de 500 observaciones conjuntas de X e Y, las cuales nos proporcionarán una muestra de tamaño $n=100$ de cada uno de los estadísticos $\hat{B}_0$ y $\hat{B}_1$. A partir de estas muestras se calcula que:

$$s_{\hat{B}_0} = 0.7842$$

$$s_{\hat{B}_1} = 0.0789$$

Así, para el caso considerado, el intervalo de confianza del 95% para β_0 es:

$$9.250 - t_{0.025, \, 99} \, s_{\hat{B}_0} < \beta_0 < 9.250 + t_{0.025, \, 99} \, s_{\hat{B}_0}$$

$$9.250 - 1.9842 \cdot 0.7842 < \beta_0 < 9.250 + 1.9842 \cdot 0.7842$$

$$7.694 < \beta_0 < 9.382$$

Es decir:

$$\beta_0 = 9.250 \pm 1.556 \quad (\pm 17\%)$$

y para β_1:

$$1.085 - t_{0.025,\,99}\, s_{\hat{\beta}_1} < \beta_1 < 1.085 + t_{0.025,\,99}\, s_{\hat{\beta}_1}$$

$$1.085 - 1.9842 \cdot 0.0789 < \beta_1 < 1.085 + 1.9842 \cdot 0.0789$$

$$0.928 < \beta_1 < 1.242$$

Es decir:

$$\beta_1 = 1.085 \pm 0.156 \quad (\pm 14\%)$$

Puede observarse por tanto que, cuando la variable regresora pasa de ser una variable controlada a una variable aleatoria con una distribución normal y con los valores posibles situados dentro del mismo rango de variación, las estimaciones por intervalo de los coeficientes de regresión β_0 y β_1 presentan intervalos de confianza más grandes.

Observemos los valores de S_{XX} para cada uno de los casos estudiados:

Caso a. Variable regresora controlada: $S_{XX} = 2667$.
Caso b. Variable regresora aleatoria: $S_{XX} = 959$.

Hemos visto en el estudio del modelo de regresión lineal simple que los valores de S_{XX} intervienen en el cálculo de los intervalos de estimación de β_0 y β_1. Así, S_{XX} nos indica que una *distribución uniforme* en el rango de variación de la variable regresora (variable regresora controlada, S_{XX} alto) proporciona una mejor estimación de los coeficientes de regresión que una *distribución normal* en el mismo rango de variación de la variable regresora (variable regresora aleatoria, S_{XX} bajo).

- *Intervalos de estimación de σ* – La variable aleatoria *error ϵ*:

$$\epsilon = Y - \tilde{Y}$$

tiene una distribución normal $N(0, \sigma)$. Si seleccionamos una muestra de tamaño n de la población formada por los valores posibles de la variable aleatoria error, se puede realizar una estimación de la desviación standard del error, que denominamos $\hat{\sigma}$.

Como la distribución muestral del estadístico cuyos valores posibles son:

$$\frac{(n-1)\hat{\sigma}^2}{\sigma^2}$$

es una distribución ji cuadrada con $(n-1)$ grados de libertad, el intervalo de confianza del $(1-\alpha)100\%$ para la varianza del error es:

$$\frac{(n-1)\hat{\sigma}^2}{\chi^2_{\frac{\alpha}{2},n-1}} < \sigma^2 < \frac{(n-1)\hat{\sigma}^2}{\chi^2_{1-\frac{\alpha}{2},n-1}}$$

La estimación de la desviación standard del error en el caso considerado se ha realizado a partir de 500 observaciones pertenecientes a las variable aleatorias X e Y distribuidas de forma conjunta, por lo que esta estimación corresponde a una muestra de 500 valores posibles de la variable aleatoria error. Así, el intervalo de confianza del 95% para la varianza del error σ^2 es:

$$\frac{(500-1)1.996^2}{563} < \sigma^2 < \frac{(500-1)1.996^2}{439}$$

$$3.53113 < \sigma^2 < 4.52853$$

por lo que el intervalo de confianza del 95% para la desviación standard del error es:

$$1.879 < \sigma < 2.128; \text{es decir}, \hat{\sigma} \text{ con un rango de variación de} \pm 6\% \text{de} \hat{\sigma}$$

Puede observarse por tanto que, cuando la variable regresora pasa de ser una variable controlada a una variable aleatoria con una distribución normal y con los valores posibles situados dentro del mismo rango de variación, la estimación por intervalo de la desviación standard del error presenta en ambos casos el mismo intervalo de confianza.

4

EL MODELO DE REGRESIÓN
LINEAL MÚLTIPLE

De forma general, la variable respuesta Y puede estar relacionada con un número k de variables regresoras. Si la relación es lineal, pueden relacionarse los valores posibles y de la variable respuesta con las variables regresoras $x_1, x_2,..., x_k$ mediante la siguiente expresión:

$$y = \beta_0 + \beta_1 x_1 + \beta_2 x_2 + ... + \beta_k x_k + \varepsilon$$

La cual recibe el nombre de *modelo de regresión lineal múltiple con k regresores*. Los parámetros $\beta_0, \beta_1,..., \beta_k$ son los coeficientes de regresión.

ε es la componente aleatoria de los valores posibles de la variable respuesta, y la denominaremos *error*.

Consideraremos que ε son los valores posibles de una variable aleatoria ϵ que sigue una ley de distribución de probabilidades *normal*, y que asumiremos que tiene de media cero y varianza σ^2. En consecuencia, consideraremos que la variable aleatoria Y es una variable aleatoria *normal*.

Por tanto, por haber considerado que el error es una variable aleatoria $N(0, \sigma)$, se cumple que:

$$E(Y) = E(\beta_0 + \beta_1 x_1 + \beta_2 x_2 + ... + \beta_k x_k + \epsilon) = \beta_0 + \beta_1 x_1 + \beta_2 x_2 + ... + \beta_k x_k$$

Lo cual nos indica que *el valor medio de los posibles valores y para un conjunto de valores dados de $x_1, x_2,..., x_k$ es una función lineal de x_1, $x_2,..., x_k$*, y podemos escribir:

$$E(Y) = E(y) = \beta_0 + \beta_1 x_1 + \beta_2 x_2 + ... + \beta_k x_k$$

que, de forma simplificada, puede leerse como que *el valor medio de y es una función lineal de $x_1, x_2,..., x_k$*.

Por otra parte, por haber considerado que el error es una variable aleatoria $N(0, \sigma)$, se cumple que:

$$var(Y) = var(y) = var(\beta_0 + \beta_1 x_1 + \beta_2 x_2 + \ldots + \beta_k x_k + \epsilon) = \sigma^2$$

lo que indica que la varianza de los posibles valores de y no depende de los valores de $x_1, x_2, \ldots, x_k$.

Los *coeficientes de regresión* $\beta_0, \beta_1, \ldots, \beta_k$, y la *varianza del error* σ^2 son parámetros desconocidos y deben ser *estimados* a partir de un conjunto de valores de la variable respuesta y de las variables regresoras.

Para estimar los coeficientes de regresión se utiliza el método de mínimos cuadrados.

Dada una muestra formada por n conjuntos de datos, de manera que

observación	y	x_1	x_2	...	x_j	...	x_k
1	y_1	x_{11}	x_{12}	...	x_{1j}	...	
2	y_2	x_{21}	x_{22}	...	x_{2j}	...	x_{2k}
⋮	⋮	⋮	⋮				⋮
i	y_i	x_{i1}	x_{i2}	...	x_{ij}	...	x_{ik}
⋮	⋮	⋮	⋮		⋮		⋮
n	y_n	x_{n1}	x_{n2}	...	x_{nj}	...	x_{nk}

La función que hay que minimizar es:

$$S(\beta_0, \beta_1, \ldots, \beta_k) = \sum_{i=1}^{n} \varepsilon_i^2$$

Donde ε_1 representa el error correspondiente a cada una de las observaciones, y cuya expresión se puede obtener al sustituir los n conjuntos de datos en el modelo de regresión lineal múltiple:

$$y = \beta_0 + \beta_1 x_{i1} + \beta_2 x_{i2} + \ldots + \beta_k x_{ik} + \varepsilon_1 \qquad i = 1, 2, \ldots, n$$

Por tanto, la función a minimizar tiene la siguiente expresión:

$$S(\beta_0, \beta_1, \ldots, \beta_k) = \sum_{i=1}^{n} \left(y_i - \beta_0 - \sum_{j=1}^{k} \beta_j x_{ij} \right)^2$$

Y las condiciones que tienen que cumplirse para que $S(\beta_0, \beta_1, \ldots, \beta_k)$ sea mínima son:

$$\left.\frac{\partial S}{\partial \beta_0}\right|_{\hat{\beta}_0,\hat{\beta}_1,\ldots,\hat{\beta}_k} = -2\sum_{i=1}^{n}\left(y_i - \hat{\beta}_0 - \sum_{j=1}^{k}\hat{\beta}_j x_{ij}\right) = 0$$

$$\left.\frac{\partial S}{\partial \beta_j}\right|_{\hat{\beta}_0,\hat{\beta}_1,\ldots,\hat{\beta}_k} = -2\sum_{i=1}^{n}\left(y_i - \hat{\beta}_0 - \sum_{j=1}^{k}\hat{\beta}_j x_{ij}\right)x_{ij} = 0 \qquad j=1,2,\ldots,k$$

Donde $\hat{\beta}_0, \hat{\beta}_1, \ldots, \hat{\beta}_k$ son las *estimaciones puntuales* de β_0, $\beta_1, \ldots, \beta_k$ respectivamente.

Si desarrollamos los sumatorios y a continuación simplificamos, obtenemos las *ecuaciones normales de mínimos cuadrados* :

$$n\hat{\beta}_0 + \hat{\beta}_1\sum_{i=1}^{n}x_{i1} + \hat{\beta}_2\sum_{i=1}^{n}x_{i2} + \ldots + \hat{\beta}_k\sum_{i=1}^{n}x_{ik} = \sum_{i=1}^{n}y_i$$

$$\hat{\beta}_0\sum_{i=1}^{n}x_{i1} + \hat{\beta}_1\sum_{i=1}^{n}x_{i1}^2 + \hat{\beta}_2\sum_{i=1}^{n}x_{i1}x_{i2} + \ldots + \hat{\beta}_k\sum_{i=1}^{n}x_{i1}x_{ik} = \sum_{i=1}^{n}x_{i1}y_i$$

$$\vdots \qquad \vdots \qquad \vdots \qquad \vdots \qquad \vdots$$

$$\hat{\beta}_0\sum_{i=1}^{n}x_{ik} + \hat{\beta}_1\sum_{i=1}^{n}x_{ik}x_{i1} + \hat{\beta}_2\sum_{i=1}^{n}x_{ik}x_{i2} + \ldots + \hat{\beta}_k\sum_{i=1}^{n}x_{ik}^2 = \sum_{i=1}^{n}x_{ik}y_i$$

La solución al sistema de ecuaciones anterior está formada por los *estimadores de mínimos cuadrados* $\hat{\beta}_0, \hat{\beta}_1, \ldots, \hat{\beta}_k$.

De esta forma la ecuación:

$$\hat{y} = \hat{\beta}_0 + \hat{\beta}_1 x_1 + \hat{\beta}_2 x_2 + \ldots + \hat{\beta}_k x_k$$

proporciona una *estimación puntual del valor medio de y para un conjunto de valores dados de* x_1, $x_2, \ldots, x_k$, y se denomina *modelo de regresión ajustado*.

Notación matricial

Para poder obtener una expresión general de la solución del sistema de ecuaciones normales de mínimos cuadrados, es conveniente expresar el modelo de regresión lineal múltiple mediante *notación matricial*.

Al sustituir los *n* conjuntos de datos en el modelo de regresión lineal múltiple se obtiene un sistema de ecuaciones que en notación matricial puede escribirse del siguiente modo:

$$\boldsymbol{y} = \boldsymbol{X\beta} + \boldsymbol{\varepsilon}$$

donde:

$$y = \begin{bmatrix} y_1 \\ y_2 \\ \vdots \\ y_n \end{bmatrix}, \quad X = \begin{bmatrix} 1 & x_{11} & x_{12} & \cdots & x_{1k} \\ 1 & x_{21} & x_{22} & \cdots & x_{2k} \\ \vdots & \vdots & \vdots & & \vdots \\ 1 & x_{n1} & x_{n2} & \cdots & x_{nk} \end{bmatrix}_{n \times (k+1)}, \quad \beta = \begin{bmatrix} \beta_0 \\ \beta_1 \\ \vdots \\ \beta_k \end{bmatrix}, \quad \varepsilon = \begin{bmatrix} \varepsilon_1 \\ \varepsilon_2 \\ \vdots \\ \varepsilon_n \end{bmatrix}$$

Por tanto, la función a minimizar en notación matricial tiene la siguiente expresión:

$$S(\beta) = \sum_{i=1}^{n} \varepsilon_i^2 = \varepsilon^T \varepsilon$$

que desarrollada, si tenemos en cuenta que $\varepsilon = X\beta$, puede expresarse en función de β

$$S(\beta) = y^T y - 2\beta^T X^T y + \beta^T X^T X \beta$$

de manera que la condición que tiene que cumplirse para que $S(\beta)$ sea mínima es:

$$\left. \frac{\partial S}{\partial \beta} \right|_{\widehat{\beta}} = -2X^T y + 2X^T X \widehat{\beta} = 0$$

Lo que permite obtener las *ecuaciones normales de mínimos cuadrados* expresadas en notación matricial:

$$X^T X \widehat{\beta} = X^T y$$

Si se multiplica ambos lados de esta ecuación por la matriz inversa de la matriz $X^T X$ se obtiene la solución al sistema de ecuaciones anterior, la cual es el vector $\widehat{\beta}$, que es el estimador de mínimos cuadrados del vector β:

$$\widehat{\beta} = (X^T X)^{-1} X^T y$$

donde:

$$\widehat{\beta} = \begin{bmatrix} \hat{\beta}_0 \\ \hat{\beta}_1 \\ \vdots \\ \hat{\beta}_k \end{bmatrix}$$

De manera que la expresión del *modelo de regresión ajustado* en forma matricial es:

$$\hat{y} = x^T \hat{\beta}$$

donde:

$$x = \begin{bmatrix} 1 \\ x_1 \\ \vdots \\ x_k \end{bmatrix}$$

Puede demostrarse que $E(\hat{\beta}) = \beta$, por lo que $\hat{\beta}$ es un estimador insesgado de β.

La varianza del vector $\hat{\beta}$ viene expresada por la denominada *matriz de covarianza*:

$$Cov(\hat{\beta}) = E\left\{[\hat{\beta} - E(\hat{\beta})][\hat{\beta} - E(\hat{\beta})]^T\right\}$$

Y puede demostrarse que:

$$Cov(\hat{\beta}) = \sigma^2 (X^T X)^{-1}$$

Si llamamos:

$$C = (X^T X)^{-1}$$

entonces tenemos que:

$$var\left(\hat{\beta}_j\right) = \sigma^2 C_{jj} \qquad j = 0,1,...,k$$

$$cov\left(\hat{\beta}_i, \hat{\beta}_j\right) = \sigma^2 C_{ij} \qquad i = 0,1,...,k \text{ y } j = 0,1,...,k \text{ } para\, j \neq i$$

La covarianza $cov\left(\hat{\beta}_i, \hat{\beta}_j\right)$ indica el grado de correlación o dependencia entre los estimadores $\hat{\beta}_i$ y $\hat{\beta}_j$.

Si $\hat{y}_0$ es una estimación puntual del *valor medio de la respuesta* $y_0 = E(y|x_0)$ para un conjunto de valores dados de las variables regresoras $x_{01}, x_{02},..., x_{0k}$, entonces debido a que $E(\hat{y}_0) = x_0^T \beta$ podemos decir que $\hat{y}_0$ es un estimador insesgado de y_0.

Su varianza viene dada por la siguiente expresión:

$$V(\hat{y}_0) = \sigma^2 x_0^T (X^T X)^{-1} x_0$$

Ejemplo – Se dispone de los siguientes datos correspondientes a las 50 estrellas más cercanas:

nº	magnitud ap. y	años-luz x1	radio solar x2	nº	magnitud ap. y	años-luz x1	radio solar x2
1	11.01	4.242	0.1450	26	3.49	11.887	0.8160
2	-0.01	4.365	1.2000	27	13.03	11.991	0.1450
3	1.35	4.365	1.2000	28	9.86	12.366	0.1100
4	9.53	5.963	0.1900	29	15.4	12.514	0.1400
5	13.44	7.782	0.1300	30	8.84	12.777	0.2930
6	7.47	8.290	0.4600	31	6.67	12.870	0.5100
7	-1.47	8.583	1.7110	32	9.79	13.148	0.3300
8	8.44	8.583	0.0084	33	11.41	13.148	0.2300
9	12.54	8.728	0.1400	34	11.15	13.348	0.2500
10	12.99	8.728	0.1400	35	14.23	13.348	0.1300
11	10.43	9.681	0.2000	36	10.07	13.820	0.3200
12	12.29	10.321	0.1700	37	12.38	14.066	0.0130
13	3.73	10.522	0.8400	38	13.18	14.311	0.1700
14	7.34	10.742	0.5650	39	13.17	14.311	0.1400
15	11.13	10.918	0.2200	40	9.17	14.792	0.4900
16	0.38	11.402	2.1000	41	9.38	14.808	0.4100
17	10.7	11.402	0.0123	42	11.5	15.060	0.0100
18	5.21	11.402	0.7200	43	13.76	15.313	0.1300
19	6.03	11.402	0.6700	44	10.17	15.342	0.3600
20	8.9	11.525	0.3900	45	13.92	15.609	0.1400
21	9.69	11.525	0.3200	46	8.77	15.831	0.4900
22	8.08	11.624	0.3400	47	14.48	15.831	0.1300
23	11.06	11.624	0.1900	48	6.59	15.847	0.6500
24	4.69	11.824	0.7500	49	9.32	15.941	0.3900
25	14.78	11.826	0.1200	50	8.66	16.084	0.3600

Dado que la magnitud aparente de una estrella es una medida del brillo que ésta presenta al observador, y que el brillo de una fuente luminosa está relacionado con la distancia de la fuente al observador y con el tamaño de esta fuente, estamos interesados en establecer un modelo matemático que relacione estos parámetros. Para ello podemos emplear el modelo de regresión lineal múltiple con dos variables regresoras.

Tras disponer los datos en forma matricial obtenemos:

$$X^T X = \begin{bmatrix} 50 & 591.731 & 20.089 \\ 591.731 & 7469.334 & 221.441 \\ 20.089 & 221.441 & 16.627 \end{bmatrix}$$

$$(X^T X)^{-1} = \begin{bmatrix} 0.403533 & -0.028942 & -0.102095 \\ -0.028942 & 0.002297 & 0.004376 \\ -0.102095 & 0.004376 & 0.125210 \end{bmatrix}$$

$$X^T y = \begin{bmatrix} 468.12 \\ 5758.62 \\ 115.66 \end{bmatrix}$$

Por lo que:

$$\hat{\beta} = \begin{bmatrix} 10.429 \\ 0.185 \\ -8.110 \end{bmatrix}$$

De manera que la ecuación:

$$\hat{y} = 10.429 + 0.185\,x_1 - 8.110\,x_2$$

Proporciona una estimación puntual del valor medio de la magnitud aparente de una estrella para una distancia y un tamaño dados, a partir de los datos disponibles de las 50 estrellas más cercanas.

Según este modelo, podemos estimar que la magnitud media aparente de una estrella del tamaño del Sol situada a una distancia del observador de cuatro años-luz es de:

$$\hat{y} = 10.429 + 0.185 \cdot 4 - 8.110 \cdot 1 = 3.1$$

Lo que indica que un observador situado en el sistema planetario de la estrella Próxima Centauri, situado aproximadamente a 4 años-luz de la Tierra, vería al Sol con una magnitud media aparente de 3; es decir, que el Sol para este observador se mostraría como una estrella no demasiado brillante dentro del conjunto de estrellas observables en el firmamento del observador del sistema planetario de la estrella Próxima Centauri.

Escalado de los coeficientes de regresión

Una vez obtenido el modelo de regresión ajustado, si queremos comparar el grado de efecto sobre la variable respuesta de cada uno de los regresores con respecto a los demás, es conveniente expresar los coeficientes de regresión referidos a una *misma escala de medida*.

Una manera de hacerlo es mediante la transformación de los valores de la variable respuesta y de las variables regresoras de manera que éstos se expresen en *unidades de desviación standard* con respecto al valor medio de la variable a la que pertenecen. A esta transformación se la denomina *escalado en unidades normales*.

Así, los valores de las variables regresoras transformados son:

$$z_{ij} = \frac{x_{ij} - \overline{x}_j}{s_j} \qquad i = 1,2,\ldots,n \qquad j = 1,2,\ldots,k$$

donde:

$$s_j = \sqrt{\frac{1}{n-1}\sum_{i=1}^{n}\left(x_{ij} - \overline{x}_j\right)^2} \;, \qquad\qquad \overline{x}_j = \frac{1}{n}\sum_{i=1}^{n}x_{ij}$$

y los valores de la variable respuesta transformados son:

$$y_i^* = \frac{y_i - \overline{y}}{s_y} \qquad\qquad i = 1,2,\ldots,n$$

donde:

$$s_y = \sqrt{\frac{1}{n-1}\sum_{i=1}^{n}\left(y_i - \overline{y}\right)^2}$$

De esta manera el modelo de regresión lineal múltiple con k regresores se expresa de la siguiente forma:

$$y^* = b_1 z_1 + b_2 z_2 + \ldots + b_k z_k + \varepsilon^*$$

donde los parámetros b_1, b_2,..., b_k se denominan *coeficientes de regresión standard*, y ε^* es la componente aleatoria de los valores posibles de la variable respuesta transformada. En esta expresión del modelo de regresión lineal múltiple, $b_0 = 0$ debido a que las variables transformadas están *centradas* al estar referidas a unas nuevas coordenadas cuyo origen pasa por el punto $(\overline{x}_1, \overline{x}_2,\ldots,\overline{x}_k,\overline{y})$.

Si se utiliza el método de mínimos cuadrados para estimar los coeficientes de regresión standard se obtiene la siguiente solución expresada en notación matricial:

$$\widehat{\boldsymbol{b}} = (\boldsymbol{Z}^T\boldsymbol{Z})^{-1}\boldsymbol{Z}^T\boldsymbol{y}^*$$

donde:

$$\boldsymbol{y}^* = \begin{bmatrix} y_1^* \\ y_2^* \\ \vdots \\ y_n^* \end{bmatrix}, \qquad \boldsymbol{Z} = \begin{bmatrix} z_{11} & z_{12} & \cdots & z_{1k} \\ z_{21} & z_{22} & \cdots & z_{2k} \\ \vdots & \vdots & & \vdots \\ z_{n1} & z_{n2} & \cdots & z_{nk} \end{bmatrix}_{n \times k}$$

Ejemplo – Para determinar el grado de efecto que la distancia (z_1) y el tamaño de una estrella (z_2) tienen sobre su magnitud aparente, podemos emplear los coeficientes de regresión standard. Así, si se transforman los datos observados y se opera, se llega a la siguiente solución:

$$\begin{bmatrix} \hat{b}_1 \\ \hat{b}_2 \end{bmatrix} = \begin{bmatrix} 49 & -12.644 \\ -12.644 & 49 \end{bmatrix}^{-1} \begin{bmatrix} 17.826 \\ -43.599 \end{bmatrix}$$

$$\begin{bmatrix} \hat{b}_1 \\ \hat{b}_2 \end{bmatrix} = \begin{bmatrix} 0.021864 & 0.005642 \\ 0.005642 & 0.021864 \end{bmatrix} \begin{bmatrix} 17.826 \\ -43.599 \end{bmatrix}$$

$$\begin{bmatrix} \hat{b}_1 \\ \hat{b}_2 \end{bmatrix} = \begin{bmatrix} 0.14 \\ -0.85 \end{bmatrix}$$

Lo que indica que un aumento en una unidad standard del tamaño estelar contribuye en aumentar el brillo de la estrella expresado como magnitud aparente en 0.85 unidades standard, frente a las 0.14 unidades standard que aumenta si se reduce la distancia en una unidad standard, por lo que puede decirse que el tamaño de la estrella tiene un *efecto relativo* mucho mayor que la distancia en su magnitud aparente, *en el conjunto de observaciones considerado.*

Estimación de σ^2

Puede obtenerse un estimador de σ^2 a partir de la suma del cuadrado de los residuales SS_E; para ello expresaremos SS_E en forma matricial:

$$SS_E = \sum_{i=1}^{n} (y_i - \hat{y}_i)^2 = \sum_{i=1}^{n} e_i^2 = e^T e$$

donde:

$$e = y - \hat{y}$$

siendo el vector $\hat{y}$ el vector cuyas componentes son los valores ajustados $\hat{y}_i$ correspondientes a los valores observados y_i con los que se ha obtenido el modelo de regresión ajustado. Por tanto:

$$\hat{y} = X\hat{\beta}$$

Lo cual implica que suma del cuadrado de los residuales SS_E tiene $n - (k + 1)$ grados de libertad, porque $(k + 1)$ grados de libertad están asociados con las estimaciones de las componentes del vector $\hat{\beta}$; $\hat{\beta}_0, ..., \hat{\beta}_k$.

Así, el *cuadrado medio de los residuales* que se representa por MS_E, es:

$$MS_E = \frac{SS_E}{n-(k+1)}$$

MS_E es una estimación puntual insesgada de σ^2, y escribiremos:

$$\widehat{\sigma^2} = MS_E$$

Ejemplo – La aplicación de las expresiones para estimar σ^2 en el modelo de regresión lineal múltiple para el caso de las 50 estrellas más próximas proporciona los siguientes resultados:

$$SS_E = 146.33$$

$$\widehat{\sigma^2} = 3.113$$

Evaluación del grado de ajuste del modelo de regresión ajustado – El coeficiente de determinación múltiple

El coeficiente de determinación múltiple R^2 se define como:

$$R^2 = \frac{SS_E}{S_{yy}} = 1 - \frac{SS_E}{S_{yy}} = 1 - \frac{\left(n-(k+1)\right)}{S_{yy}} MS_E$$

Puede observarse en esta expresión que, si se añade un nuevo regresor al modelo, R^2 tiene tendencia a aumentar por ser función de k, independientemente de si el nuevo regresor contribuye o no a explicar la variabilidad de la respuesta. Por ello, en regresión lineal múltiple es preferible usar el denominado coeficiente de determinación múltiple *ajustado*, el cual se obtiene mediante la sustitución de SS_E y S_{yy} por sus respectivos cuadrados medios:

$$\overline{R^2} = 1 - \frac{\dfrac{SS_g}{n-(k+1)}}{\dfrac{S_{yy}}{(n-1)}} = 1 - \frac{(n-1)}{S_{yy}} MS_E$$

$\overline{R^2}$ permite detectar la inclusión de regresores innecesarios en el modelo de regresión. Si los dos estadísticos R^2 y $\overline{R^2}$ difieren de manera notable, ello significa que es muy posible que el modelo esté sobreespecificado; es decir, que incluya regresores que no contribuyen significativamente a explicar la variabilidad de la respuesta.

Ejemplo – La aplicación de las expresiones para calcular R^2 y $\overline{R^2}$ en el modelo de regresión lineal múltiple para el caso de las 50 estrellas más próximas proporciona los siguientes resultados:

$$R^2 = 0.8110$$

$$\overline{R^2} = 0.8029$$

lo que nos indica que el modelo no está sobreespecificado.

Intervalos de estimación de los coeficientes individuales de regresión

Debido a que $E(\widehat{\boldsymbol{\beta}}) = \boldsymbol{\beta}$ y que $Cov(\widehat{\boldsymbol{\beta}}) = \sigma^2(\boldsymbol{X}^T\boldsymbol{X})^{-1}$, y dado que σ^2 no es conocida sino que se estima a partir de una muestra formada por n datos experimentales, la distribución muestral del estadístico cuyos posibles valores son:

$$\frac{\widehat{\beta}_j - \beta_j}{\sqrt{\widehat{\sigma^2}C_{jj}}} \qquad j = 0,1,...,k$$

es una distribución t con $n - (k + 1)$ grados de libertad.

Por lo tanto, el intervalo de confianza del $(1 - \alpha)100\%$ para el *coeficiente de regresión* β_j con $j = 0,1,...,k$ es:

$$\widehat{\beta}_j - t_{\frac{\alpha}{2},n-(k+1)}\sqrt{\widehat{\sigma^2}C_{jj}} < \beta_j < \widehat{\beta}_j + t_{\frac{\alpha}{2},n-(k+1)}\sqrt{\widehat{\sigma^2}C_{jj}}$$

que también podemos escribir como:

$$\widehat{\beta}_j - t_{\frac{\alpha}{2},n-(k+1)}se(\widehat{\beta}_j) < \beta_j < \widehat{\beta}_j + t_{\frac{\alpha}{2},n-(k+1)}se(\widehat{\beta}_j)$$

donde:

$$se(\widehat{\beta}_j) = \sqrt{\widehat{\sigma^2}C_{jj}}$$ se denomina *error standard del estimador* $\widehat{\beta}_j$.

Ejemplo – El modelo de regresión ajustado que relaciona la magnitud aparente de una estrella con su tamaño y la distancia, se ha obtenido a partir de un conjunto de $n = 50$ datos. Por tanto, los intervalos de confianza del 95% para β_0, β_1, y β_2 se determinan de la siguiente manera:

En primer lugar, a partir de la tabla de valores críticos de la distribución t para $v = 50 - (2 + 1)$ grados de libertad se obtiene:

$$t_{0.025,47} = 2.012$$

Se ha estimado anteriormente que:

$$\widehat{\sigma^2} = 3.113$$

y a partir de la matriz $C = (X^T X)^{-1}$ sabemos que:

$$C_{00} = 0.404$$
$$C_{11} = 0.002$$
$$C_{22} = 0.125$$

por lo que tenemos que:

$$se\left(\widehat{\beta_0}\right) = 1.12$$

$$se\left(\widehat{\beta_1}\right) = 0.08$$

$$se\left(\widehat{\beta_1}\right) = 0.62$$

Así, el intervalo de confianza del 95% para cada uno de los coeficientes individuales de regresión es:

- β_0

$$10.429 - 2.012 \cdot 1.12 < \beta_0 < 10.429 + 2.012 \cdot 1.12$$
$$8.175 < \beta_0 < 12.628$$

- β_1

$$0.185 - 2.012 \cdot 0.08 < \beta_1 < 0.185 + 2.012 \cdot 0.08$$
$$0.024 < \beta_1 < 0.364$$

- β_2

$$-8.110 - 2.012 \cdot 0.62 < \beta_2 < -8.110 + 2.012 \cdot 0.62$$
$$-9.357 < \beta_2 < -6.862$$

Intervalo de estimación del valor medio de la respuesta

El valor $\widehat{y_0}$ obtenido a través del modelo de regresión ajustado proporciona una estimación puntual del valor medio de y para $x = x_0$; $y_0 = E(y|x_0)$.

Como la distribución muestral del estadístico cuyos valores posibles son:

$$\frac{\hat{y}_0 - y_0}{\sqrt{\hat{\sigma}^2 x_0^T (X^T X)^{-1} x_0}}$$

es una distribución t con n - (k + 1) grados de libertad, el intervalo de confianza del (1 - α)100% para el *valor medio de y para* $x = x_0$; $y_0 = E(y|x_0)$ es:

$$\hat{y}_0 - t_{\frac{\alpha}{2},n-(k+1)}\sqrt{\hat{\sigma}^2 x_0^T(X^TX)^{-1}x_0} < y_0 < \hat{y}_0 + t_{\frac{\alpha}{2},n-(k+1)}\sqrt{\hat{\sigma}^2 x_0^T(X^TX)^{-1}x_0}$$

Ejemplo – El intervalo de el intervalo de confianza del 95% para la magnitud media aparente de una estrella del tamaño del Sol situada a una distancia del observador de cuatro años-luz puede determinarse a partir de los siguientes datos:

$$x_0 = \begin{bmatrix} 1 \\ 4 \\ 1 \end{bmatrix} \qquad x_0^T = [1 \quad 4 \quad 1] \qquad \hat{y}_0 = 3.1$$

$$X^TX = \begin{bmatrix} 50 & 591.731 & 20.089 \\ 591.731 & 7469.334 & 221.441 \\ 20.089 & 221.441 & 16.627 \end{bmatrix}$$

$$C = (X^TX)^{-1} = \begin{bmatrix} 0.403533 & -0.028942 & -0.102095 \\ -0.028942 & 0.002297 & 0.004376 \\ -0.102095 & 0.004376 & 0.125210 \end{bmatrix}$$

Se ha estimado anteriormente que:

$$\widehat{\sigma^2} = 3.113$$

Y a partir de la tabla de valores críticos de la distribución t para $v = 50 - (2 + 1)$ grados de libertad se obtiene:

$$t_{0.025,47} = 2.012$$

Por lo que si operamos:

$$(X^TX)^{-1}x_0 = \begin{bmatrix} 0.186 \\ -0.015 \\ 0.041 \end{bmatrix}$$

$$x_0^T(X^TX)^{-1}x_0 = [1 \quad 4 \quad 1]\begin{bmatrix} 0.186 \\ -0.015 \\ 0.041 \end{bmatrix} = 0.165$$

tenemos que:

$$3.1 - 2.012 \cdot \sqrt{3.113 \cdot 0.165} < y_0 < 3.1 + 2.012 \cdot \sqrt{3.113 \cdot 0.165}$$
$$3.1 < 1.4 < y_0 < 3.1 + 1.4$$
$$1.7 < y_0 < 4.5$$

Lo que indica que para un observador situado en el sistema planetario de la estrella Próxima Centauri, situado aproximadamente a 4 años-luz de la Tierra, el Sol se mostraría como una estrella débil pero visible a simple vista (si se considera que las estrellas con magnitud aparente inferior a 6 son visibles a simple vista) dentro del conjunto de estrellas observables en el firmamento del observador del sistema planetario de la estrella Próxima Centauri.

MULTICOLINEALIDAD

Para poder obtener el modelo de regresión ajustado es necesario que la matriz X^TX sea invertible, y esto no es posible si al menos una de las columnas de la matriz X es una combinación lineal de otras columnas. Es por este motivo que la existencia de dependencia entre las variables regresoras puede afectar de manera importante a la estimación de los coeficientes de regresión. A la existencia de dependencia entre variables regresoras se la denomina *multicolinealidad*, o *colinealidad* en el caso de que solo haya dos variables regresoras.

Para evaluar el grado de dependencia existente entre las variables regresoras es útil realizar la siguiente transformación de los valores de la variable respuesta y y de los valores de las variables regresoras x_j, con $j = 1,2,...,k$, de manera que estos se expresen en unidades de $\sqrt{S_{yy}}$ y $\sqrt{S_{xjxj}}$ respectivamente, con respecto al valor medio de la variable a la que pertenecen. A esta transformación se la denomina *escalado en unidades de longitud.*

Así, los valores de las variables regresoras transformados son:

$$W_{ij} = \frac{x_{ij} - \overline{x}_j}{\sqrt{S_{xjxj}}} \qquad i = 1,2,...,n \qquad j = 1,2,...,k$$

donde:

$$\sqrt{S_{xjxj}} = \sqrt{\sum_{i=1}^{n}\left(x_{ij} - \overline{x}_j\right)^2}$$

y los valores de la variable respuesta transformados son:

$$y_i^0 = \frac{y_i - \overline{y}}{\sqrt{S_{yy}}} \qquad i = 1,2,...,n$$

donde:

$$\sqrt{S_{yy}} = \sqrt{\sum_{i=1}^{n}\left(y_i - \overline{y}\right)^2}$$

De esta manera, si se utiliza el método de mínimos cuadrados para estimar los coeficientes de regresión standard del modelo de regresión lineal múltiple para las variables transformadas, se obtiene la siguiente expresión en forma matricial:

$$\hat{b} = (W^T W)^{-1} W^T y^0$$

donde:

$$y^0 = \begin{bmatrix} y_1^0 \\ y_2^0 \\ \vdots \\ y_n^0 \end{bmatrix}_{n \times 1} , \qquad W = \begin{bmatrix} w_{11} & w_{12} & \cdots & w_{1k} \\ w_{21} & w_{22} & \cdots & w_{2k} \\ \vdots & \vdots & & \vdots \\ w_{n1} & w_{n2} & \cdots & w_{nk} \end{bmatrix}_{n \times k}$$

Los coeficientes de regresión $\hat{b}$ obtenidos mediante el escalado en unidades de longitud son los mismos que los que se han obtenido anteriormente mediante el escalado en unidades de desviación standard.

El interés de esta transformación reside en que permite obtener la llamada *matriz de correlación*:

$$W^T W = \begin{bmatrix} 1 & r_{12} & r_{13} & \cdots & r_{1k} \\ r_{12} & 1 & r_{23} & \cdots & r_{2k} \\ r_{13} & r_{23} & 1 & \cdots & r_{3k} \\ \vdots & \vdots & \vdots & & \vdots \\ r_{1k} & r_{2k} & r_{3k} & \cdots & 1 \end{bmatrix}_{k \times k}$$

donde:

$$r_{ij} = \frac{S_{x_i x_j}}{\sqrt{S_{x_i x_i} S_{x_j x_j}}}$$

se denomina *correlación simple* entre las variables regresoras x_i y x_j y su expresión coincide con la del coeficiente de correlación muestral entre las variables x_i y x_j cuando estas son consideradas como variables aleatorias, por lo que este parámetro informa del grado de dependencia existente entre pares devariables regresoras en base a la muestra formada por n conjuntos de datos.

En esta expresión:

$$S_{x_i x_j} = \sum_{l=1}^{n} \left(x_{li} - \overline{x}_i \right)\left(x_{lj} - \overline{x}_j \right)$$

Si llamamos:

$$C^0 = (W^T W)^{-1}$$

tenemos que:

$$\frac{var\left(\widehat{b}_j\right)}{\left(\sigma^0\right)^2} = C_{jj}^0 \qquad j = 1, 2, \ldots, k$$

donde $(\sigma^0)^2$ es la varianza del error correspondiente a la variable respuesta transformada, y^0.

De esta manera, la diagonal de la matriz $C^0 = (W^T W)^{-1}$ informa de lo afectadas (aumentadas) con respecto a la varianza del error que están las varianzas de los coeficientes de regresión debido a la multicolinealidad, porque si no hubiera multicolinealidad, es decir, si los coeficientes de correlación muestral entre variables que se sitúan en los elementos fuera de la diagonal de $W^T W$ fueran cero, entonces los elementos C_{jj}^0 de la diagonal de $C^0 = (W^T W)^{-1}$ serían 1.

A los elementos C_{jj}^0 de la diagonal de $C^0 = (W^T W)^{-1}$ se les llama *factores de inflación de la varianza*:

$$VIF_j = C_{jj}^0 \qquad j = 1, 2, \ldots, k$$

Factores de inflación de la varianza mayores que 10 indican la existencia de un alto grado de dependencia entre las variables regresoras, que afecta de manera importante a la incertidumbre de las estimaciones de los coeficientes de regresión.

Ejemplo – Para determinar si la estimación de los coeficientes del modelo de regresión que relaciona la magnitud aparente de las 50 estrellas más cercanas con su distancia y tamaño está afectada por la existencia de colinealidad entre estas dos variables regresoras, podemos realizar un escalado de las variables en unidades de longitud.

la matriz de correlación que se obtiene es:

$$W^T W = \begin{bmatrix} 1 & -0.26 \\ -0.26 & 1 \end{bmatrix}$$

por lo que la correlación simple entre las variables regresoras x_1 y x_2 es:

$$r_{12} = -0.26$$

lo que indica que no se observa una dependencia importante entre la distancia y el tamaño.

La inversa de la matriz de correlación es:

$$C^0 = (W^T W)^{-1} = \begin{bmatrix} 1.07 & 0.28 \\ 0.28 & 1.07 \end{bmatrix}$$

De manera que los factores de inflación de la varianza de los estimadores de los coeficientes de correlación son:

$$VIF_1 = VIF_2 = 1.07$$

por lo que puede considerarse que la precisión en la estimación de los coeficientes de regresión del modelo que relaciona la magnitud aparente de una estrella con la distancia y el tamaño no está afectada de manera significativa por la existencia de colinealidad entre estas dos variables.

Ejemplo – Una estación de recepción de radio tiene interés en conocer si las pérdidas de transmisión $L(dB)$ están afectadas por la orientación α (º) de la antena receptora con respecto a la estación transmisora, además de por la distancia existente entre el transmisor y el receptor, $log\left(\dfrac{r}{\lambda}\right)$. Para ello se han evaluado las pérdidas de transmisión al recibir la señal de una serie de estaciones transmisoras de radio. Los datos obtenidos se recogen en la siguiente tabla:

estación	L(dB) y	log(r/lambda) x1	alfa (º) x2
1	202.2	2.921	19.19
2	209.4	3.236	2.31
3	189.0	3.184	54.19
4	177.0	2.801	24.54
5	204.0	3.301	2.31
6	204.0	3.134	19.19
7	186.0	3.154	19.19
8	186.0	2.652	24.54
9	192.0	2.896	29.82
10	202.2	3.182	2.31
11	194.4	2.593	45.23
12	201.0	2.970	19.19
13	190.1	2.660	27.03
14	200.0	3.063	19.19
15	182.0	2.757	45.23
16	197.0	3.320	6.37
17	185.0	3.023	34.62
18	189.8	3.130	55.49
19	185.0	2.708	57.35
20	185.0	3.084	47.92
21	191.0	3.089	55.49
22	197.0	3.208	12.08
23	195.2	2.994	29.89
24	196.4	3.077	48.26
25	191.0	3.319	8.81

La matriz de correlación que se obtiene es:

$$W^T W = \begin{bmatrix} 1 & -0.52 \\ -0.52 & 1 \end{bmatrix}$$

por lo que la correlación simple entre las variables regresoras x_1 y x_2 es:

$$r_{12} = -0.52$$

lo que indica que existe una dependencia entre la distancia y la orientación de la antena con respecto al transmisor. Esta dependencia puede observarse en la siguiente gráfica:

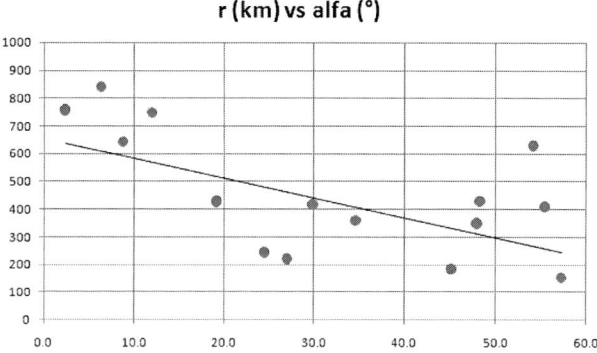

r (km) vs alfa (°)

Debido a la existencia de colinealidad entre la distancia y la orientación de la antena receptora con respecto al transmisor, la estimación del coeficiente de regresión de la variable regresora orientación α (°) presenta en este caso una dispersión que dificulta la determinación del efecto de la orientación de la antena sobre las pérdidas de transmisión.

Notación matricial (escalado en unidades de longitud)

La notación matricial del modelo de regresión lineal múltiple en el que los valores de las variables regresoras y de la variable respuesta han sido transformados mediante el escalado en unidades de longitud es:

$$y^0 = Wb + \varepsilon$$

Si llamamos W_j a la columna j de la matriz W entonces podemos escribir:

$$W = [W_1, \ W_2, \ ..., \ W_k]$$

por lo que existirá multicolinealidad si hay un conjunto de constantes $p_1, p_2, ..., p_k$ no todas cero tal que se cumpla, o casi se cumpla, que:

$$\sum_{j=1}^{k} p_j W_j = 0$$

Valores y vectores propios de la matriz de correlación $W^T W$

Los *valores propios* de la matriz de correlación $W^T W$ dan información sobre la multicolinealidad, porque si existedependencia entre las variables regresoras entonces uno o más de los valores propios de la matriz de correlación $W^T W$ serán pequeños.

Para calcularlos se tendrán en cuenta las siguientes propiedades:

La matriz de correlación $W^T W$ es una matriz cuadrada real de dimensiones (k,k) y *simétrica*, porque:

$$W^T W = (W^T W)^T$$

Por tanto, existe una matriz cuadrada P real de dimensiones (k,k) invertible y *ortogonal* tal que *transforma* la matriz de correlación $W^T W$ en otra matriz *semejante* D y *diagonal*:

$$D = P^{-1}(W^T W)P$$

de modo que los elementos de la diagonal de D son los valores propios de la matriz de correlación $W^T W$, y las columnas de P están formadas por las componentes de los *vectores propios* de $W^T W$, expresadas en la misma *base* que la matriz $W^T W$.

Al ser la matriz P ortogonal, la transformación se puede expresar como:

$$D = P^T(W^T W)P$$

Una manera de llevar a cabo el cálculo de los valores propios de la matriz de correlación $W^T W$ es mediante una *transformación de semejanza* en la que se obtenga una *matriz tridiagonal simétrica semejante* a la matriz $W^T W$, es decir; que tenga los mismos valores propios que la matriz $W^T W$, y posteriormente aplicar un método iterativo a la matriz tridiagonal para el cálculo de los valores propios.

Ejemplo –El índice de dienos $\left(\frac{gI_2}{100 \text{ g muestra}} \right)$ es una medida experimental que se utiliza como indicador de la cantidad de compuestos diolefínicos conjugados (dienos) presentes en una muestra de hidrocarburos. Las diolefinas conjugadas también pueden determinarse mediante técnicas cromatográficas. La relación existente entre el índice de dienos (*ID*) y la composición es:

$$ID_{\text{teórico}}\left(\frac{gI_2}{100 \text{ g muestra}}\right) = PM_{I2}\sum_{i=1}^{n}x_{m_i}$$

donde:

$PM_{I2} = 253.8$ es el peso molecular del I_2

$x_{m_i} = \dfrac{x_i}{PM_i}$ es el número de moles del dieno i que hay en 100 g de muestra. En esta expresión:

x_i es número de gramos del dieno i que hay en 100 g de muestra.

PM_i es el peso molecular del dieno i

Por lo tanto, es de esperar que el modelo de regresión lineal múltiple para el índice de dienos sea:

$$ID = \beta_0 + \sum_{i=1}^{n}\beta_i x_i + \varepsilon$$

Las siguientes gráficas reflejan la relación que existe entre el índice de dienos obtenido experimentalmente en una serie de muestras de hidrocarburos ligeros (nafta) con el contenido de dienos determinado por cromatografía de gases.

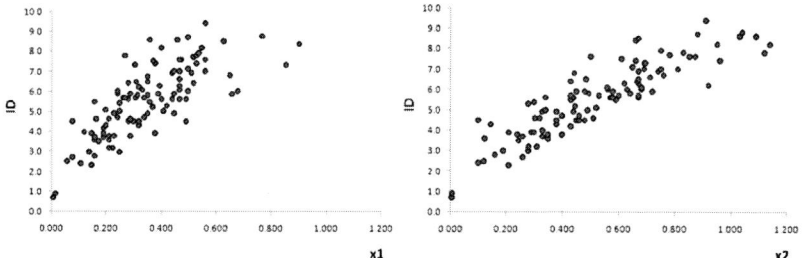

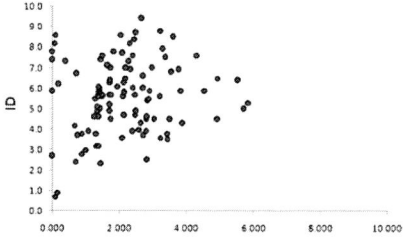

El modelo de regresión ajustado obtenido para este conjunto de datos es:

$$\widehat{ID} = 1.104 + 2.492x_1 + 5.519x_2 + 0.327x_3$$

Con un coeficiente de determinación $R^2 = 0.907$.

Si observamos la matriz de correlación $W^T W$ correspondiente a estos datos:

$$W^T W = \begin{pmatrix} 1 & 0.61 & 0.22 \\ 0.61 & 1 & -0.17 \\ 0.22 & -0.17 & 1 \end{pmatrix}$$

vemos que existe un cierto grado de dependencia o colinealidad entre las variables x_1 y x_2, la cual puede observarse en la siguiente gráfica:

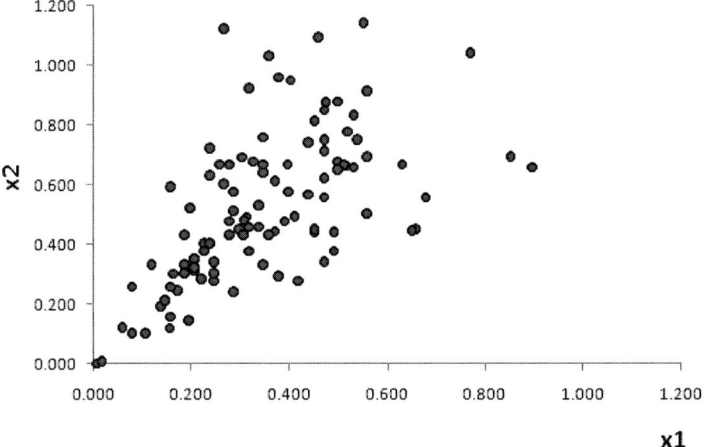

Para evaluar el efecto que esta colinealidad puede tener en la estimación de los coeficientes de regresión del modelo de regresión ajustado, podemos calcular los valores propios de $W^T W$. Para ello, en primer lugar transformaremos la matriz $W^T W$ en una matriz semejante tridiagonal, la cual tendrá los mismos valores propios que $W^T W$ y a la que será más facil aplicar un método iterativo para calcularlos. Tras aplicar el método de tridiagonalización de Householder, se obtiene:

$$T = \begin{pmatrix} 1 & -0.647 & 0 \\ -0.647 & 0.892 & 0.132 \\ 0 & 0.132 & 1.108 \end{pmatrix}$$

A continuación, si aplicamos el método iterativo de Givens (también llamado de la bisección), obtendremos los valores propios de la matriz T, y por tanto de la matriz $W^T W$, los cuales son, ordenados de menor a mayor:

$$\lambda_1 = 0.286$$
$$\lambda_2 = 1.104$$
$$\lambda_3 = 1.611$$

Uno o más valores propios pequeños indican que hay dependencias entre las variables regresoras. Para determinar si la dependencia existente puede afectar a la estimación de los coeficientes de regresión, puede usarse el llamado *número de condición κ*, el cual se define como:

$$\kappa = \frac{\lambda_{max}}{\lambda_{min}}$$

Normalmente, si el número de condición es inferior a 100, entonces no hay un problema importante de multicolinealidad o colinealidad que pueda afectar significativamente a la estimación de los coeficientes de regresión. Este es el caso del ejemplo mostrado, en el que el número de condición es:

$$\kappa = \frac{1.611}{0.286} = 5.6$$

En general, se denomina índice de condición a cada uno de los cocientes:

$$\kappa_j = \frac{\lambda_{max}}{\lambda_j} \qquad j = 1.2,...,k$$

de manera que el mayor índice de condición es el número de condición.

Ejemplo –Un contenedor de 1 m^3 de capacidad se llena mediante una serie de depósitos que contienen disoluciones de distintas concentraciones de un producto dado, de acuerdo con el siguiente diagrama:

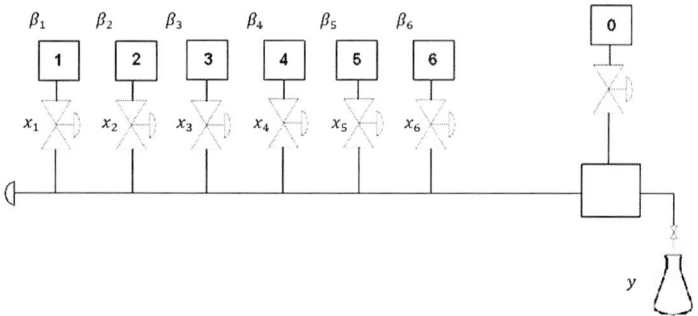

Cada depósito $j = 1,2,...,6$ aporta al contenedor una cantidad $x_j(m^3)$.
Cada depósito $j = 1,2,...,6$ contiene disuelto el mismo producto, pero en concentraciones $\beta_j \left(\dfrac{kg}{m^3} \right)$ distintas. El depósito $j = 0$ no contiene disuelto el producto y se utiliza para completar el llenado del contenedor.

La concentración $y \left(\dfrac{kg}{m^3} \right)$ del producto en el contenedor vendrá dada entonces por el siguiente modelo matemático:

$$y = \sum_{j=1}^{6} \beta_j x_j$$

Por lo que, para determinar la concentración del producto en cada uno de los depósitos si se conoce la concentración del producto en el contenedor y los correspondientes aportes, es necesario disponer de 6 conjuntos de datos y resolver el sistema de ecuaciones siguiente, el cual se ha dispuesto en forma matricial:

$$\begin{pmatrix} y_1 \\ y_2 \\ y_3 \\ y_4 \\ y_5 \\ y_6 \end{pmatrix} = \begin{pmatrix} x_{11} & x_{12} & x_{13} & x_{14} & x_{15} & x_{16} \\ x_{21} & x_{22} & x_{23} & x_{24} & x_{25} & x_{26} \\ x_{31} & x_{32} & x_{33} & x_{34} & x_{35} & x_{36} \\ x_{41} & x_{42} & x_{43} & x_{44} & x_{45} & x_{46} \\ x_{51} & x_{52} & x_{53} & x_{54} & x_{55} & x_{56} \\ x_{61} & x_{62} & x_{63} & x_{64} & x_{65} & x_{66} \end{pmatrix} \begin{pmatrix} \beta_1 \\ \beta_2 \\ \beta_3 \\ \beta_4 \\ \beta_5 \\ \beta_6 \end{pmatrix}$$

es decir:

$$Y = X\beta$$

cuya solución es:

$$\beta = X^{-1}y$$

Así, a partir del siguiente conjunto de datos, con *valores verdaderos de concentración*:

```
i   y         x1     x2     x3     x4     x5     x6
-----------------------------------------------------------------
1   26.43750  0.12   0.16   0.13   0.14   0.15   0.16
2   38.50000  0.21   0.19   0.21   0.12   0.13   0.14
3   48.68750  0.31   0.22   0.13   0.24   0.04   0.06
4   32.37500  0.20   0.11   0.10   0.21   0.18   0.20
5   20.68750  0.09   0.09   0.13   0.14   0.20   0.30
6   11.84375  0.01   0.03   0.14   0.25   0.30   0.27
```

Se obtiene la siguiente solución:

```
beta1   beta2   beta3   beta4   beta5   beta6
---------------------------------------------------
100      50      25     12.5    6.25    3.125
```

Pero hay que tener en cuenta que el conocimiento de la concentración del contenedor vendrá dado por una medida experimental, la cual tendrá asociada una incertidumbre debida al error de medida. Así, para una incertidumbre de aproximadamente el 1% en la medida de la concentración del depósito, un conjunto de posibles *valores observados de concentración* será:

```
i   yobs      x1     x2     x3     x4     x5     x6
-----------------------------------------------------------------
1   26.61     0.12   0.16   0.13   0.14   0.15   0.16
2   38.43     0.21   0.19   0.21   0.12   0.13   0.14
3   49.00     0.31   0.22   0.13   0.24   0.04   0.06
4   32.45     0.20   0.11   0.10   0.21   0.18   0.20
5   20.56     0.09   0.09   0.13   0.14   0.20   0.30
6   11.93     0.01   0.03   0.14   0.25   0.30   0.27
```

para el que el resultado de resolver el sistema de 6 ecuaciones es:

```
beta1   beta2   beta3   beta4   beta5   beta6
---------------------------------------------------
102.1   51.7    20.9    10.1    12.3    0.45
```

el cual se aleja bastante del valor correspondiente al obtenido a partir de las concentraciones verdaderas.

Por ello, cuando la variable respuesta está afectada por el error de la medida experimental, es necesario utilizar el modelo de regresión lineal múltiple:

$$y_{obs} = \beta_0 + \sum_{j=1}^{6} \beta_j x_j + \varepsilon$$

y estimar los coeficientes de regresión (concentraciones de los depósitos) mediante el método de mínimos cuadrados, a partir de un número de observaciones superior al número de variables regresoras (cantidades aportada por cada depósito al contenedor); en este caso el número de observaciones tiene que ser superior a 6.

Así, dado el siguiente conjunto de 12 observaciones experimentales en las que *los valores de las variables regresoras se han generado de forma aleatoria, para que no existan dependencias entre ellos*:

```
i    yobs     x1      x2      x3      x4      x5      x6
------------------------------------------------------------
1    28.79   0.16    0.19    0.03    0.14    0.03    0.05
2    22.05   0.13    0.13    0.02    0.04    0.16    0.03
3    20.54   0.09    0.18    0.01    0.10    0.11    0.09
4    27.67   0.19    0.07    0.16    0.05    0.01    0.11
5    23.95   0.15    0.14    0.02    0.10    0.07    0.01
6    18.91   0.08    0.13    0.13    0.01    0.13    0.16
7    26.47   0.17    0.11    0.12    0.00    0.17    0.02
8    25.17   0.20    0.08    0.02    0.04    0.03    0.05
9    17.01   0.07    0.13    0.04    0.15    0.01    0.08
10   19.07   0.11    0.09    0.08    0.03    0.11    0.12
11   21.77   0.08    0.15    0.19    0.05    0.02    0.17
12   14.61   0.05    0.08    0.11    0.15    0.05    0.17
```

se obtiene la siguiente estimación de los coeficientes de regresión:

```
^beta1  ^beta2  ^beta3  ^beta4  ^beta5  ^beta6  ^beta0
------------------------------------------------------------
99.2    49.3    24.0    11.4    6.0     3.2     0.36
```

con los siguientes errores standard, expresados de forma absoluta y relativa:

```
              se1     se2     se3     se4     se5     se6     se0
              ------------------------------------------------------
              0.90    0.59    0.56    0.76    0.63    0.84    0.33
(% de ^betaj) 0.9     1.2     2.3     6.6     10.5    26.5    74.7
```

y un coeficiente de determinación:

$$R2=0.9999$$

Puede observarse entonces que las estimaciones así obtenidas mediante el método de mínimos cuadrados están más de acuerdo con los valores de concentración verdaderos.

Sin embargo, hay que tener en cuenta que si existen dependencias entre las variables regresoras, las estimaciones de los coeficientes de regresión pueden verse afectadas de manera importante, como se podrá ver en los siguientes casos.

Caso 1: $X_1 + X_2 \cong 0.2$

En este caso, en el que las cantidades aportadas por los depósitos 1 y 2 están ligadas, se ha obtenido el siguiente conjunto de 12 observaciones:

i	yobs	x1	x2	x3	x4	x5	x6	x1+x2
1	15.50	0.02	0.19	0.12	0.03	0.10	0.07	0.21
2	14.46	0.02	0.18	0.08	0.05	0.08	0.01	0.20
3	20.49	0.11	0.09	0.10	0.13	0.09	0.08	0.20
4	16.06	0.06	0.14	0.04	0.09	0.07	0.12	0.20
5	15.74	0.08	0.12	0.02	0.06	0.11	0.07	0.20
6	19.24	0.09	0.11	0.10	0.10	0.11	0.04	0.20
7	19.71	0.13	0.07	0.09	0.01	0.04	0.06	0.20
8	19.22	0.10	0.10	0.13	0.03	0.04	0.10	0.20
9	14.72	0.04	0.16	0.05	0.05	0.07	0.11	0.20
10	21.72	0.11	0.09	0.13	0.14	0.11	0.11	0.20
11	13.15	0.04	0.16	0.02	0.02	0.11	0.02	0.20
12	15.54	0.05	0.15	0.09	0.01	0.02	0.12	0.20

Para el que se obtiene la siguiente estimación de los coeficientes de regresión por el método de mínimos cuadrados:

^beta1	^beta2	^beta3	^beta4	^beta5	^beta6	^beta0
85.0	36.4	25.4	13.6	4.3	2.3	2.9

	se1	se2	se3	se4	se5	se6	se0
	12.0	11.7	0.77	0.87	1.33	0.65	2.26
(% de ^betaj)	14.1	32.1	3.0	6.4	31.0	28.6	77.0

R2=0.9998

Vemos que las estimaciones $\hat{\beta}_1$ y $\hat{\beta}_2$ se han visto claramente afectadas por la dependencia existente entre x_1 y x_2; los valores estimados se alejan de los valores verdaderos y sus errores standard han aumentado con respecto al caso en el que no hay dependencia entre las variables regresoras.

Una indicación de la existencia de colinealidad la tenemos en la *matriz de correlación*, que para este caso es:

$$W^T W = \begin{pmatrix} 1.000 & -0.998 & 0.382 & 0.396 & -0.141 & 0.211 \\ -0.998 & 1.000 & -0.346 & -0.399 & 0.151 & -0.208 \\ 0.382 & -0.346 & 1.000 & 0.193 & -0.239 & 0.233 \\ 0.396 & -0.399 & 0.193 & 1.000 & 0.552 & 0.153 \\ -0.141 & 0.151 & -0.239 & 0.552 & 1.000 & -0.392 \\ 0.211 & -0.208 & 0.233 & 0.153 & -0.392 & 1.000 \end{pmatrix}$$

y en la que se puede ver que la *correlación simple* entre las variables regresoras x_1 y x_2 es

$$r_{12} = -0.998$$

lo que indica la existencia de un alto grado de dependencia entre ambas.

Por otra parte, la inversa de la matriz de correlación informa de los factores de inflación de la varianza (VIF) de las estimaciones de los coeficientes de regresión. Para este caso:

$$(W^T W)^{-1} = \begin{pmatrix} 626.376 & 628.876 & -32.945 & 30.962 & -36.657 & -12.812 \\ 628.876 & 633.006 & -32.914 & 32.270 & -37.765 & -13.124 \\ -32.945 & -32.914 & 3.016 & -2.135 & 2.504 & 0.713 \\ 30.962 & 32.270 & -2.135 & 4.577 & -4.200 & -1.673 \\ -36.657 & -37.765 & 2.504 & -4.200 & 5.234 & 1.993 \\ -12.812 & -13.124 & 0.713 & -1.673 & 1.993 & 1.846 \end{pmatrix}$$

VIF_1 y VIF_2 son muy superiores a 10, lo que indica que el error standard de la estimación de los coeficientes de regresión $\hat{\beta}_1$ y $\hat{\beta}_2$ y está muy aumentado debido a la colinealidad entre las variables regresoras x_1 y x_2.

Cálculo de los valores propios de $W^T W$

Para ello, en primer lugar transformaremos la matriz $W^T W$ en una matriz semejante tridiagonal, la cual tendrá los mismos valores propios que $W^T W$ y a la que será más fácil aplicar un método iterativo para calcularlos. Tras aplicar el método de tridiagonalización de Householder, se obtiene:

$$T = \begin{pmatrix} 1.000 & 1.167 & 0.000 & 0.000 & -0.000 & -0.000 \\ 1.167 & 1.600 & -0.431 & -0.000 & 0.000 & 0.000 \\ 0.000 & -0.431 & 0.853 & -0.162 & -0.000 & 0.000 \\ 0.000 & -0.000 & -0.162 & 1.035 & 0.661 & -0.000 \\ -0.000 & -0.000 & -0.000 & 0.661 & 0.805 & -0.271 \\ -0.000 & 0.000 & 0.000 & 0.000 & -0.271 & 0.707 \end{pmatrix}$$

A continuación, si aplicamos el método iterativo de Givens (también llamado de la bisección), obtendremos los valores propios de la matriz T, y por tanto de la matriz $W^T W$, los cuales son, ordenados de mayor a menor:

lambda1	lambda2	lambda3	lambda4	lambda5	lambda6
2.574	1.641	0.890	0.732	0.162	0.001

Puede verse que $\lambda_6 = 0.001$ es muy pequeño, y que el número de condición κ es muy superior a 100:

$$\kappa = \frac{\lambda_{max}}{\lambda_{min}} = \frac{2.574}{0.001} = 2574$$

lo que implica la existencia de una colinealidad importante que afecta significativamente a la estimación de los coeficientes de regresión.

Una vez conocidos los valores propios λ_j $(j =1,...,6)$ de $W^T W$, pueden calcularse los vectores propios p_j $(j = 1,...,6)$ mediante, por ejemplo, el método de la potencia inversa:

	p1	p2	p3	p4	p5	p6
	0.5830	0.0510	-0.3290	-0.1560	0.1710	0.7040
	-0.5790	-0.0510	0.3400	0.1980	-0.0850	0.7070
	0.3660	-0.1710	0.1940	0.8840	0.1320	-0.0370
$P =$	0.3230	0.5600	0.4110	-0.0190	-0.6420	0.0360
	-0.1170	0.7310	0.1270	0.0630	0.6550	-0.0420
	0.2690	-0.3430	0.7440	-0.3890	0.3230	-0.0150

Propiedad importante - En este ejemplo puede verse en λ_6, cuyo valor es muy cercano a cero, que cuando $\lambda_j \cong 0$ entonces se cumple que las componentes del vector propio asociado p_j describen la naturaleza de la dependencia lineal.

En efecto; al centrar y escalar en longitud la matriz X de los 12 conjuntos de valores correspondientes a las variables regresoras $x_1, x_2,..., x_6$, hemos obtenido la matriz W, necesaria para realizar el análisis descrito anteriormente:

	W1	W2	W3	W4	W5	W6
	-0.423	0.478	0.295	-0.209	0.197	-0.055
	-0.362	0.344	-0.036	-0.049	0.003	-0.517
	0.274	-0.271	0.171	0.468	0.121	0.034
	-0.072	0.063	-0.297	0.221	-0.074	0.314
	0.034	-0.039	-0.477	-0.013	0.325	-0.041
	0.174	-0.174	0.131	0.280	0.252	-0.279
$W =$	0.498	-0.487	0.093	-0.301	-0.408	-0.129
	0.237	-0.235	0.362	-0.206	-0.393	0.205
	-0.236	0.222	-0.237	-0.067	-0.073	0.282
	0.332	-0.327	0.361	0.514	0.320	0.263
	-0.276	0.261	-0.462	-0.284	0.258	-0.451
	-0.178	0.166	0.098	-0.354	-0.527	0.374

Esta matriz la podemos escribir de la forma:

$$W = [W_1, \quad W_2, \quad ..., \quad W_6]$$

por lo que existirá multicolinealidad si hay un conjunto de constantes $p_1, p_2,..., p_6$ no todas cero tal que se cumpla, o casi se cumpla, que:

$$\sum_{j=1}^{6} p_{j6} W_j \cong 0$$

lo cual se cumple en el caso de las componentes del vector propio p_6 asociado a $\lambda_6 = 0.001 \cong 0$:

$$\sum_{j=1}^{6} p_{j6} W_j \cong 0$$

Si consideramos que $p_{j6} \cong 0$ para $j = 3,..., 6$ entonces:

$$0.704 \cdot W_1 + 0.707 \cdot W_2 \cong 0$$

ecuación que describe la dependencia entre las variables regresoras x_1 y x_2.

Caso 2 $\sum_{j=1}^{6} x_j \cong 0.5$

En este caso, en el que las cantidades aportadas por los depósitos $j = 1,..., 6$ están ligadas de forma que sumen 0.5 m³, porque se quiere llenar en todos los casos la mitad del volumen del contenedor con el contenido del depósito $j = 0$ que no tiene producto disuelto, se ha obtenido el siguiente conjunto de 12 observaciones:

i	yobs	x1	x2	x3	x4	x5	x6	suma
1	18.87	0.12	0.06	0.11	0.02	0.10	0.09	0.49
2	19.78	0.14	0.02	0.13	0.06	0.09	0.07	0.50
3	15.89	0.08	0.04	0.14	0.12	0.07	0.04	0.50
4	13.55	0.08	0.02	0.12	0.11	0.03	0.14	0.50
5	17.55	0.12	0.05	0.03	0.14	0.04	0.13	0.50
6	10.00	0.04	0.04	0.06	0.07	0.13	0.16	0.50
7	6.59	0.00	0.07	0.01	0.12	0.13	0.17	0.50
8	12.12	0.03	0.08	0.11	0.09	0.13	0.06	0.50
9	13.38	0.05	0.08	0.09	0.09	0.04	0.15	0.50
10	16.04	0.08	0.09	0.06	0.10	0.13	0.04	0.50
11	6.21	0.01	0.00	0.14	0.06	0.08	0.21	0.50
12	17.98	0.12	0.08	0.02	0.01	0.10	0.18	0.50

Para el que se obtiene la siguiente estimación de los coeficientes de regresión por el método de mínimos cuadrados:

$\hat{\beta}1$	$\hat{\beta}2$	$\hat{\beta}3$	$\hat{\beta}4$	$\hat{\beta}5$	$\hat{\beta}6$	$\hat{\beta}0$
98.9	48.1	23.2	10.5	4.9	1.3	0.8

	se1	se2	se3	se4	se5	se6	se0
	10.8	10.8	10.8	10.3	10.7	10.6	5.30
(% de $\hat{\beta}j$)	10.9	22.6	46.5	98.4	216	788	629

R2=0.9998

En el caso en el que todas las variables regresoras están sometidas a una ligadura, vemos que las estimaciones puntuales de los coeficientes de regresión se han alejado ligeramente de los valores verdaderos con respecto al caso en el que no hay dependencia entre las variables regresoras:

	beta1	beta2	beta3	beta4	beta5	beta6
	100	50	25	12.5	6.25	3.125

	$\hat{\beta}1$	$\hat{\beta}2$	$\hat{\beta}3$	$\hat{\beta}4$	$\hat{\beta}5$	$\hat{\beta}6$
caso aleatorio	99.2	49.3	24.0	11.4	6.0	3.2
caso 2	98.9	48.1	23.2	10.5	4.9	1.3

Sin embargo, sus errores standard han aumentado considerablemente con respecto al caso en el que no hay dependencia entre las variables regresoras.

(% de $\hat{\beta}j$)	se1	se2	se3	se4	se5	se6
caso aleatorio	0.9	1.2	2.3	6.6	10.5	26.5
caso 2	10.9	22.6	46.5	98.4	216	788

Observemos la matriz de correlación para este caso:

$$W^T W = \begin{pmatrix} 1.000 & -0.019 & -0.012 & -0.256 & -0.346 & -0.396 \\ -0.019 & 1.000 & -0.565 & -0.020 & 0.403 & -0.272 \\ -0.012 & -0.565 & 1.000 & -0.073 & -0.247 & -0.321 \\ -0.256 & -0.020 & -0.073 & 1.000 & -0.255 & -0.243 \\ -0.346 & 0.403 & -0.247 & -0.255 & 1.000 & -0.174 \\ -0.396 & -0.272 & -0.321 & -0.243 & -0.174 & 1.000 \end{pmatrix}$$

Ninguno de las correlaciones simples entre las variables regresoras es especialmente grande, porque la dependencia lineal tiene lugar entre varias variables regresoras (todas en este caso) y no entre variables regresoras dos a dos.

Sin embargo, si observamos para este caso la inversa de la matriz de correlación, la cual informa de los factores de inflación de la varianza (VIF) de las estimaciones de los coeficientes de regresión:

$$(W^T W)^{-1} = \begin{pmatrix} 406.695 & 260.479 & 416.240 & 342.450 & 313.626 & 503.553 \\ 260.479 & 169.300 & 268.394 & 219.783 & 200.667 & 323.839 \\ 416.240 & 268.394 & 428.691 & 351.210 & 321.387 & 516.968 \\ 342.450 & 219.783 & 351.210 & 289.727 & 264.565 & 424.780 \\ 313.626 & 200.667 & 321.387 & 264.565 & 243.234 & 388.749 \\ 503.553 & 323.839 & 516.968 & 424.780 & 388.749 & 625.614 \end{pmatrix}$$

vemos que todos los *VIF* son muy superiores a 10, lo que indica que el error standard de la estimación de todos los coeficientes de regresión está muy aumentado debido a la multicolinealidad existente entre todas las variables regresoras.

Descomposición de los VIF en proporciones de contribución de los valores propios – Como:

$$D = P^T(W^T W)P$$

entonces:

$$W^T W = PDP^T$$

por lo que:

$$(W^T W)^{-1} = PD^{-1}P^T$$

lo que implica que cada VIF_j ($j = 1, 2,..., k$) puede expresarse como una combinación lineal de las inversas de los valores propios, determinada por las componentes del vector propio p_j ($j = 1, 2,..., k$), según la expresión:

$$VIF_j = \sum_{i=1}^{k} \frac{p_{ji}^2}{\lambda_i} \qquad j = 1,2,\ldots,k$$

la cual muestra que uno o más valores propios pequeños pueden incrementar de manera importante las varianzas, y por tanto los errores standard, de las estimaciones de los coeficientes de correlación.

Si dividimos cada una de las ecuaciones por su correspondiente VIF_j, entonces podemos conocer cómo contribuye cada uno de los valores propios a la inflación (aumento) de la varianza de las estimaciones de los coeficientes de correlación, a través de las proporciones siguientes, que se denominan *proporciones* π_{ij}:

$$1 = \sum_{i=1}^{k} \frac{p_{ji}^2 \big/ \lambda_i}{VIF_j} = \sum_{i=1}^{k} \pi_{ij} \qquad j = 1,2,\ldots,k$$

Si disponemos estas proporciones en la siguiente matriz π de dimensiones (k, k):

$$\pi = \begin{pmatrix} \pi_{11} & \pi_{12} & \cdots & \pi_{1j} & \cdots & \pi_{1k} \\ \pi_{21} & \pi_{22} & \cdots & \pi_{2j} & \cdots & \pi_{2k} \\ \vdots & \vdots & \cdots & \vdots & \cdots & \vdots \\ \pi_{i1} & \pi_{i2} & \cdots & \pi_{ij} & \cdots & \pi_{ik} \\ \vdots & \vdots & \cdots & \vdots & \cdots & \vdots \\ \pi_{k1} & \pi_{k2} & \cdots & \pi_{kj} & \cdots & \pi_{kk} \end{pmatrix}$$

tenemos que cada elemento i de cada columna j de la matriz π es la proporción de la varianza del coeficiente de regresión j asociada al valor propio i-*ésimo*. Valores altos de estas proporciones (superiores a 0.5) para valores propios pequeños (es decir, que generen índices de condición elevados) indican multicolineraridad.

En este caso se obtiene que:

	lambda	Condit Index	VIF1	VIF2	VIF3	VIF4	VIF5	VIF6
1	1.8665	1.0	0.0001	0.0012	0.0004	0.0000	0.0006	0.0000
2	1.4756	1.3	0.0005	0.0004	0.0000	0.0000	0.0000	0.0006
3	1.2177	1.5	0.0004	0.0000	0.0000	0.0021	0.0000	0.0001
4	1.0833	1.7	0.0004	0.0001	0.0007	0.0002	0.0013	0.0001
5	0.3565	5.2	0.0006	0.0073	0.0010	0.0005	0.0030	0.0000
6	0.0005	4027	0.9970	0.9900	0.9968	0.9961	0.9940	0.9981
		suma	1.00	1.00	1.00	1.00	1.00	1.00

y observamos que solo hay un índice de condición elevado, que es el de λ_6, lo que indica quehay una dependencia entre las variables regresoras. Además, las proporciones de la descomposición de la varianza correspondientes a λ_6 para todos los coeficientes de regresión son todas ellas superiores a 0.5, lo cual es una indicación de que todas las variables regresoras están ligadas en esta dependencia.

Forma canónica del modelo de regresión

Se obtiene la *forma canónica del modelo de regresión* al expresar la matriz de las variables regresoras W y el vector de los coeficientes de regresión b, en la base ortogonal formada por los vectores propios de la matriz de correlación $W^T W$.

Para ello es necesario realizar las siguientes transformaciones:

$$Z = WP$$
$$\alpha = P^T b$$

Así, el modelo de regresión lineal múltiple con k regresores expresado en la notación matricial correspondiente a las variables normalizadas:

$$y^0 = Wb + \varepsilon$$

Se transforma en:

$$y^0 = (ZP^T)(P\alpha) + \varepsilon$$
$$y^0 = Z\alpha + \varepsilon$$

expresión que se denomina forma canónica del modelo de regresión.

En esta forma, el estimador de mínimos cuadrados de α es la solución de las ecuaciones normales de mínimos cuadrados correspondientes a la forma canónica:

$$Z^T Z \widehat{\alpha} = Z^T y^0$$

y como:

$$D = P^T (W^T W) P = Z^T Z$$

entonces:

$$D\widehat{\alpha} = Z^T y^0$$

Por lo que:

$$\widehat{\alpha} = D^{-1} Z^T y^0$$

A partir de $\widehat{\alpha}$ se puede obtener el vector de los coeficientes de regresión standard estimados $\widehat{b}$, mediante la siguiente transformación:

$$\widehat{b} = P\widehat{\alpha}$$

Se puede observar que la resolución del sistema de ecuaciones normales de mínimos cuadrados a partir de la forma canónica del modelo de regresión evita tener que hacer el cálculo de $C = (X^T X)^{-1}$ o de $C^0 = (W^T W)^{-1}$. En su lugar se realiza el cálculo de D^{-1}, mucho más sencillo si se conocen los valores propios de $W^T W$.

Ejemplo - Veamos mediante el ejemplo de los depósitos cómo se obtienen los coeficientes de regresión del modelo de regresión lineal múltiple a partir del uso de la forma canónica.

Consideremos el conjunto de las 12 observaciones experimentales en las que los valores de las variables regresoras se han generado de forma aleatoria, para que no existan dependencias entre ellos:

```
i    yobs      x1      x2      x3      x4      x5      x6
----------------------------------------------------------------
1    28.79    0.16    0.19    0.03    0.14    0.03    0.05
2    22.05    0.13    0.13    0.02    0.04    0.16    0.03
3    20.54    0.09    0.18    0.01    0.10    0.11    0.09
4    27.67    0.19    0.07    0.16    0.05    0.01    0.11
5    23.95    0.15    0.14    0.02    0.10    0.07    0.01
6    18.91    0.08    0.13    0.13    0.01    0.13    0.16
7    26.47    0.17    0.11    0.12    0.00    0.17    0.02
8    25.17    0.20    0.08    0.02    0.04    0.03    0.05
9    17.01    0.07    0.13    0.04    0.15    0.01    0.08
10   19.07    0.11    0.09    0.08    0.03    0.11    0.12
11   21.77    0.08    0.15    0.19    0.05    0.02    0.17
12   14.61    0.05    0.08    0.11    0.15    0.05    0.17
```

y a partir del que puede obtenerse la siguiente estimación de los coeficientes de regresión:

```
^beta1   ^beta2   ^beta3   ^beta4   ^beta5   ^beta6   ^beta0
----------------------------------------------------------------
99.2     49.3     24.0     11.4     6.0      3.2      0.36
```

mediante la aplicación del método de mínimos cuadrados al sistema de ecuaciones que en notación matricial puede escribirse del siguiente modo:

$$y = X\beta + \varepsilon$$

donde:

$$y = \begin{bmatrix} y_1 \\ y_2 \\ \vdots \\ y_n \end{bmatrix}, \qquad X = \begin{bmatrix} 1 & x_{11} & x_{12} & \cdots & x_{1k} \\ 1 & x_{21} & x_{22} & \cdots & x_{2k} \\ \vdots & \vdots & \vdots & & \vdots \\ 1 & x_{n1} & x_{n2} & \cdots & x_{nk} \end{bmatrix}_{n \times (k+1)}, \qquad \beta = \begin{bmatrix} \beta_0 \\ \beta_1 \\ \vdots \\ \beta_k \end{bmatrix}, \qquad \varepsilon = \begin{bmatrix} \varepsilon_1 \\ \varepsilon_2 \\ \vdots \\ \varepsilon_n \end{bmatrix}$$

con $n = 12$ y $k = 6$ para este caso.

Para usar la forma canónica, en primer lugar es necesario centrar y escalar los datos en unidades de longitud:

i	y^0	w1	w2	w3	w4	w5	w6
1	0.4552	0.2352	0.5339	-0.2415	0.3930	-0.2395	-0.2105
2	-0.0080	0.0513	0.0634	-0.2604	-0.1710	0.4500	-0.3021
3	-0.1122	-0.1985	0.4257	-0.3398	0.1685	0.1721	0.0220
4	0.3785	0.4135	-0.4185	0.4015	-0.1212	-0.3117	0.1277
5	0.1228	0.1424	0.1235	-0.2947	0.1662	-0.0248	-0.4024
6	-0.2237	-0.2856	0.0370	0.2541	-0.3573	0.2588	0.3769
7	0.2954	0.2717	-0.1202	0.2122	-0.3870	0.5038	-0.3492
8	0.2065	0.4464	-0.3292	-0.2602	-0.1935	-0.2340	-0.2087
9	-0.3548	-0.3105	0.0583	-0.1829	0.4375	-0.3460	-0.0523
10	-0.2128	-0.0813	-0.2660	0.0319	-0.2120	0.1670	0.1642
11	-0.0274	-0.2440	0.2060	0.5238	-0.1411	-0.2730	0.4072
12	-0.5195	-0.4406	-0.3139	0.1560	0.4178	-0.1227	0.4273

Por tanto, la matriz W es:

$$W = \begin{pmatrix} 0.2352 & 0.5339 & -0.2415 & 0.3930 & -0.2395 & -0.2105 \\ 0.0513 & 0.0634 & -0.2604 & -0.1710 & 0.4500 & -0.3021 \\ -0.1985 & 0.4257 & -0.3398 & 0.1685 & 0.1721 & 0.0220 \\ 0.4135 & -0.4185 & 0.4015 & -0.1212 & -0.3117 & 0.1277 \\ 0.1424 & 0.1235 & -0.2947 & 0.1662 & -0.0248 & -0.4024 \\ -0.2856 & 0.0370 & 0.2541 & -0.3573 & 0.2588 & 0.3769 \\ 0.2717 & -0.1202 & 0.2122 & -0.3870 & 0.5038 & -0.3492 \\ 0.4464 & -0.3292 & -0.2602 & -0.1935 & -0.2340 & -0.2087 \\ -0.3105 & 0.0583 & -0.1829 & 0.4375 & -0.3460 & -0.0523 \\ -0.0813 & -0.2660 & 0.0319 & -0.2120 & 0.1670 & 0.1642 \\ -0.2440 & 0.2060 & 0.5238 & -0.1411 & -0.2730 & 0.4072 \\ -0.4406 & -0.3139 & 0.1560 & 0.4178 & -0.1227 & 0.4273 \end{pmatrix}$$

A continuación se calcula la matriz de correlación $W^T W$:

$$W^T W = \begin{pmatrix} 1.0000 & -0.2097 & -0.1520 & -0.3339 & -0.0268 & -0.6543 \\ -0.2097 & 1.0000 & -0.3852 & 0.3606 & 0.0450 & -0.1977 \\ -0.1520 & -0.3852 & 1.0000 & -0.4233 & -0.0956 & 0.6626 \\ -0.3339 & 0.3606 & -0.4233 & 1.0000 & -0.5501 & -0.0054 \\ -0.0268 & 0.0450 & -0.0956 & -0.5501 & 1.0000 & -0.2592 \\ -0.6543 & -0.1977 & 0.6626 & -0.0054 & -0.2592 & 1.0000 \end{pmatrix}$$

Para calcular los valores propios de la matriz de correlación $W^T W$ en primer lugar hay que transformarla en una matriz semejante tridiagonal. Tras aplicar el método de tridiagonalización de Householder se obtiene:

$$T = \begin{pmatrix} 1.000 & 0.779 & 0.000 & 0.000 & 0.000 & 0.000 \\ 0.779 & 1.064 & 0.539 & 0.000 & 0.000 & 0.000 \\ 0.000 & 0.539 & 1.157 & 0.396 & 0.000 & 0.000 \\ 0.000 & 0.000 & 0.396 & 1.142 & 0.631 & 0.000 \\ 0.000 & 0.000 & 0.000 & 0.631 & 1.461 & 0.018 \\ 0.000 & 0.000 & 0.000 & 0.000 & 0.018 & 0.175 \end{pmatrix}$$

Al aplicar el método iterativo de Givens (también llamado de la bisección), obtendremos los valores propios de la matriz T, y por tanto de la matriz de correlación $X^T W$, los cuales son, ordenados de mayor a menor:

lambda1	lambda2	lambda3	lambda4	lambda5	lambda6
2.1248	1.9004	1.178	0.546	0.1745	0.0762

Así, la matriz D es:

$$D = \begin{pmatrix} 2.125 & 0.000 & 0.000 & 0.000 & 0.000 & 0.000 \\ 0.000 & 1.899 & 0.000 & 0.000 & 0.000 & 0.000 \\ 0.000 & 0.000 & 1.178 & 0.000 & 0.000 & 0.000 \\ 0.000 & 0.000 & 0.000 & 0.547 & 0.000 & 0.000 \\ 0.000 & 0.000 & 0.000 & 0.000 & 0.174 & 0.000 \\ 0.000 & 0.000 & 0.000 & 0.000 & 0.000 & 0.076 \end{pmatrix}$$

Por ser D una matriz diagonal, su inversa D^{-1} es también una matriz diagonal. Los elementos de la diagonal de D^{-1} son las inversas de los elementos de la diagonal de D:

$$D^{-1} = \begin{pmatrix} 0.471 & 0.000 & 0.000 & 0.000 & 0.000 & 0.000 \\ 0.000 & 0.527 & 0.000 & 0.000 & 0.000 & 0.000 \\ 0.000 & 0.000 & 0.849 & 0.000 & 0.000 & 0.000 \\ 0.000 & 0.000 & 0.000 & 1.830 & 0.000 & 0.000 \\ 0.000 & 0.000 & 0.000 & 0.000 & 5.735 & 0.000 \\ 0.000 & 0.000 & 0.000 & 0.000 & 0.000 & 13.116 \end{pmatrix}$$

Una vez conocidos los valores propios, pueden calcularse los vectores propios asociados a cada valor propio mediante, por ejemplo, el método de la potencia inversa:

```
VECTORES PROPIOS
----------------
lambda1=   2.125  p1 = ( -0.334,  -0.312,   0.596,  -0.171,  -0.116,   0.627)
lambda2=   1.900  p2 = ( -0.444,   0.371,  -0.181,   0.646,  -0.407,   0.221)
lambda3=   1.178  p3 = ( -0.507,   0.431,  -0.072,  -0.199,   0.710,   0.090)
lambda4=   0.546  p4 = (  0.333,   0.757,   0.441,  -0.246,  -0.248,   0.022)
lambda5=   0.175  p5 = ( -0.015,  -0.070,   0.635,   0.552,   0.307,  -0.438)
lambda6=   0.076  p6 = (  0.568,   0.046,  -0.098,   0.385,   0.401,   0.597)
```

y obtenemos así la matriz P, cuyas columnas son los vectores propios de la matriz de correlación $W^T W$:

$$
P = \begin{pmatrix}
-0.334 & -0.444 & -0.507 & 0.333 & -0.015 & 0.568 \\
-0.312 & 0.371 & 0.431 & 0.757 & -0.07 & 0.046 \\
0.596 & -0.181 & -0.072 & 0.441 & 0.635 & -0.098 \\
-0.171 & 0.646 & -0.199 & -0.246 & 0.552 & 0.385 \\
-0.116 & -0.407 & 0.71 & -0.248 & 0.307 & 0.401 \\
0.627 & 0.221 & 0.09 & 0.022 & -0.438 & 0.597
\end{pmatrix}
$$

La matriz P nos permite expresar la matriz de las variables regresoras en la base ortogonal formada por los vectores propios de la matriz de correlación $W^T W$:

$$
Z = WP = \begin{pmatrix}
-0.56043088 & 0.44214967 & -0.13895446 & 0.33409997 & 0.04136379 & 0.11144438 \\
-0.40448736 & -0.31249662 & 0.34637397 & -0.1259259 & 0.00556489 & -0.00821183 \\
-0.30403666 & 0.35124323 & 0.39923561 & 0.02264748 & -0.10641315 & 0.08713467 \\
0.36870201 & -0.33471417 & -0.60458701 & 0.10785996 & 0.05952937 & 0.08090737 \\
-0.53963355 & 0.06445067 & -0.08465679 & -0.03266298 & 0.06248418 & -0.07071306 \\
0.50263825 & -0.15826761 & 0.43126325 & 0.07692431 & -0.11980232 & 0.00580175 \\
-0.13803282 & -0.73589436 & 0.19845214 & 0.05565503 & 0.23306658 & -0.02746353 \\
-0.27207778 & -0.3490626 & -0.49590336 & -0.11423002 & -0.23606155 & -0.02905356 \\
-0.09093073 & 0.60449906 & -0.14171289 & -0.16286171 & 0.0425833 & -0.15731792 \\
0.2490135 & -0.23702578 & 0.09977479 & -0.20003485 & -0.09751688 & 0.021869 \\
0.6404925 & 0.19988582 & 0.04569362 & 0.41704913 & -0.01820828 & -0.10115253 \\
0.54878353 & 0.4652327 & -0.05497888 & -0.37852043 & 0.13341006 & 0.08675527
\end{pmatrix}
$$

y así poder calcular la estimación de los coeficientes de regresión en la forma canónica:

$$
\hat{\alpha} = D^{-1} Z^T y^0 = \begin{pmatrix} \hat{\alpha}_1 \\ \hat{\alpha}_2 \\ \hat{\alpha}_3 \\ \hat{\alpha}_4 \\ \hat{\alpha}_5 \\ \hat{\alpha}_6 \end{pmatrix} = \begin{pmatrix} -0.3189 \\ -0.3262 \\ -0.3686 \\ 0.8216 \\ 0.2565 \\ 0.7417 \end{pmatrix}
$$

Por lo tanto, el vector de los coeficientes de regresión standard estimados $\hat{b}$ es:

$$
\hat{b} = P\hat{\alpha} = \begin{pmatrix} \hat{b}_1 \\ \hat{b}_2 \\ \hat{b}_3 \\ \hat{b}_4 \\ \hat{b}_5 \\ \hat{b}_6 \end{pmatrix} = \begin{pmatrix} 1.1292 \\ 0.4577 \\ 0.3481 \\ 0.1422 \\ 0.0805 \\ 0.0433 \end{pmatrix}
$$

Finalmente, hay que tener en cuenta que para desarrollar este cálculo en la forma canónica ha sido necesario centrar y escalar los datos. Veamos a continuación cómo se obtiene el vector de los coeficientes de regresión estimados correspondientes a los datos originales $\widehat{\boldsymbol{\beta}}$, a partir del vector de los coeficientes de regresión standard estimados $\widehat{\boldsymbol{b}}$.

El modelo de regresión ajustado en la forma standard, correspondiente a los datos centrados y escalados, es:

$$\widehat{y^0} = \boldsymbol{w}^T \widehat{\boldsymbol{b}}$$

donde:

$$\boldsymbol{w} = \begin{pmatrix} w_1 \\ w_2 \\ w_3 \\ w_4 \\ w_5 \\ w_6 \end{pmatrix}$$

por lo que, si desarrollamos el producto escalar:

$$\widehat{y^0} = \sum_{j=1}^{6} \hat{b}_j w_j$$

introducimos en esta expresión el centrado y escalado realizado en las variables originales:

$$\frac{\hat{y} - \bar{y}}{\sqrt{S_{yy}}} = \sum_{j=1}^{6} \hat{b}_j \left(\frac{x_j - \bar{x}_j}{\sqrt{S_{x_j x_j}}} \right)$$

y la desarrollamos, obtenemos:

$$\hat{y} = \hat{\beta}_0 + \sum_{j=1}^{6} \hat{\beta}_j x_j$$

donde:

$$\hat{\beta}_j = \frac{\sqrt{S_{yy}}}{\sqrt{S_{x_j x_j}}} \hat{b}_j \qquad\qquad j = 1,2,\ldots,6 \qquad (tr1)$$

$$\hat{\beta}_0 = \bar{y} - \sum_{j=1}^{6} \hat{\beta}_j \bar{x}_j \qquad\qquad (tr2)$$

Por lo tanto, el vector de los coeficientes de regresión estimados correspondientes a los datos originales $\hat{\boldsymbol{\beta}}$ es:

$$
\hat{\boldsymbol{\beta}} = \begin{pmatrix} \hat{\beta}_0 \\ \hat{\beta}_1 \\ \hat{\beta}_2 \\ \hat{\beta}_3 \\ \hat{\beta}_4 \\ \hat{\beta}_5 \\ \hat{\beta}_6 \end{pmatrix} = \begin{pmatrix} 0.3601 \\ 99.2247 \\ 49.3714 \\ 23.9960 \\ 11.4206 \\ 5.9765 \\ 3.2038 \end{pmatrix}
$$

Regresión de componentes principales

Dada la forma canónica del modelo de regresión:

$$Y^0 = Z\alpha + \varepsilon$$

las columnas de Z, las cuales definen un nuevo conjunto de *variables regresoras ortogonales*:

$$Z = [Z_1, \ Z_2, \ ..., \ Z_k]$$

se denominan *componentes principales*.
Como:

$$Z = WP$$

tenemos que:

$$
Z_i = \sum_{j=1}^{k} p_{ji} \, W_j \, (i = 1, ..., k)
$$

donde p_{ji} ($j = 1, ..., k$) son las componentes del vector propio p_i.

Evidencia de la multicolinealidad

Si los valores que adopta la componente principal Z_i se sitúan alrededor de cero o de un valor constante, esta ecuación indica que existe multicolinealidad entre las variables regresoras originales. Esta situación tiene lugar cuando el vector propio p_i está asociado a un valor propio λ_i pequeño, o muy proximo a cero.

Propiedad importante y que combate la multicolinealidad

Si ordenamos los valores propios de mayor a menor:

$$\lambda_1 \geq \lambda_2 \geq \ldots \geq \lambda_{k-s} \geq \ldots \geq \lambda_k$$

y observamos que los últimos s valores propios son aproximadamente igual a cero,entonces podremos decir que la variable respuesta y^0 *no depende* de los valores que puedan adoptar las variables regresoras ortogonales Z_s, Z_{s+1}, ..., Z_k, lo que nos permite considerar que las componentes del estimador de los coeficientes de regresión $\hat{\alpha}_s, \hat{\alpha}_{s+1}, \ldots, \hat{\alpha}_k$ son cero:

$$\hat{\alpha}_{PC} = \begin{pmatrix} \hat{\alpha}_1 \\ \hat{\alpha}_2 \\ \vdots \\ \hat{\alpha}_{k-s} \\ 0 \\ 0 \\ \vdots \\ 0 \end{pmatrix}$$

Por lo tanto, el vector de los coeficientes de regresión standard estimados $\hat{b}$ *se calculará a partir de aquellas componentes principales que tienen efecto sobre la variable respuesta*:

$$\hat{b} = P\hat{\alpha}_{PC}$$

Ejemplo – Consideremos un sistema formado por un gas que presenta un comportamiento ideal. En este sistema puede modificase de forma controlada el volumen, la cantidad de gas y la temperatura, y determinar de forma experimental la presión. Se muestra a continuación un conjunto de observaciones correspondientes a este experimento:

Obs	P (atm)	V (L)	N (moles)	T(K)
1	0.430	30	0.50	316
2	0.689	30	0.75	319
3	0.903	30	1.00	322
4	1.161	30	1.25	325
5	1.543	30	1.75	328
6	1.860	30	2.00	331
7	0.616	20	0.50	336
8	1.045	20	0.75	339
9	1.373	20	1.00	342
10	1.814	20	1.25	345
11	2.482	20	1.75	348
12	2.916	20	2.00	351
13	1.502	10	0.50	358
14	3.010	10	1.00	363
15	5.282	10	1.75	368
16	6.135	10	2.00	373

Debido a que el gas es ideal, *sabemos que* la relación que existe entre la presión y las variables controladas por el experimentador viene dada por la ley de los gases ideales:

$$P = \frac{NRT}{V}$$

donde:

$$R = 0.082 \frac{atm \cdot L}{mol \cdot K}$$

Esta expresión no es lineal, pero puede desarrollarse en forma de serie de Taylor para valores de V, N, T, situados alrededor de unos valores dados V_0, N_0, T_0. Por ello, es en principio posible utilizar el siguiente modelo de regresión lineal múltiple:

$$P_{obs} = \beta_0 + \beta_1 V_c + \beta_2 N_c + \beta_3 T_c + \beta_4 V_c N_c + \beta_5 V_c T_c + \beta_6 N_c T_c + \beta_7 V_c^2 + \beta_8 N_c^2 + \beta_9 T_c^2 + \varepsilon$$

dondese han centrado y escalado los valores de las variables controladas por el experimentador *en unidades normales*:

$$V_c = \frac{V - \bar{V}}{s_V} \quad , \quad N_c = \frac{N - \bar{N}}{s_N} \quad , \quad T_c = \frac{T - \bar{T}}{s_T}$$

y estimar los coeficientes de regresión mediante el método de mínimos cuadrados a partir de las observaciones disponibles.

Efectivamente, si se emplea el método de mínimos cuadrados (OLS) con el conjunto de observaciones obtenidas, en el que las variables controladas originales se presentan centradas y escaladas en unidades normales:

	P (y)	Vc (xc1)	Nc (xc2)	Tc (xc3)	VcNc (xc4)	VcTc (xc5)	NcTc (xc6)	Vc^2 (xc7)	Nc^2 (xc8)	Tc^2 (xc9)
1	0.430	1.08530	-1.29704	-1.43874	-1.40769	-1.56147	1.86611	1.17788	1.68232	2.06998
2	0.689	1.08530	-0.85550	-1.26948	-0.92847	-1.37777	1.08603	1.17788	0.73187	1.61158
3	0.903	1.08530	-0.41395	-1.10022	-0.44926	-1.19407	0.45543	1.17788	0.17135	1.21047
4	1.161	1.08530	0.02760	-0.93095	0.02995	-1.01037	-0.02569	1.17788	0.00076	0.86667
5	1.543	1.08530	0.91069	-0.76169	0.98838	-0.82666	-0.69366	1.17788	0.82936	0.58017
6	1.860	1.08530	1.35224	-0.59242	1.46759	-0.64296	-0.80110	1.17788	1.82854	0.35097
7	0.616	-0.15504	-1.29704	-0.31032	0.20110	0.04811	0.40249	0.02404	1.68232	0.09630
8	1.045	-0.15504	-0.85550	-0.14105	0.13264	0.02187	0.12067	0.02404	0.73187	0.01990
9	1.373	-0.15504	-0.41395	0.02821	0.06418	-0.00437	-0.01168	0.02404	0.17135	0.00080
10	1.814	-0.15504	0.02760	0.19747	-0.00428	-0.03062	0.00545	0.02404	0.00076	0.03900
11	2.482	-0.15504	0.91069	0.36674	-0.14120	-0.05686	0.33398	0.02404	0.82936	0.13450
12	2.916	-0.15504	1.35224	0.53600	-0.20966	-0.08310	0.72480	0.02404	1.82854	0.28730
13	1.502	-1.39539	-1.29704	0.93095	1.80988	-1.29904	-1.20748	1.94712	1.68232	0.86667
14	3.010	-1.39539	-0.41395	1.21306	0.57762	-1.69269	-0.50215	1.94712	0.17135	1.47151
15	5.282	-1.39539	0.91069	1.49516	-1.27077	-2.08634	1.36163	1.94712	0.82936	2.23552
16	6.135	-1.39539	1.35224	1.77727	-1.88690	-2.47999	2.40329	1.94712	1.82854	3.15869

Se obtiene la siguiente estimación de los coeficientes de regresión:

^beta0	^beta1	^beta2	^beta3	^beta4	^beta5	^beta6	^beta7	^beta8	^beta9
1.731	-2.676	1.591	-1.808	25.809	-68.317	28.944	-30.150	-5.447	-37.967

	se0	se1	se2	se3	se4	se5	se6	se7	se8	se9
	0.054	0.605	0.208	0.645	11.136	34.817	12.142	15.944	1.961	18.986
(% de ^betaj)	3.1	-22.6	13.1	-35.7	43.1	-51.0	42.0	-52.9	-36.0	-50.0

y un coeficiente de determinación:

$$R2 = 0.999237$$

Si comparamos los coeficientes de regresión estimados con los que habría que esperar a partir del desarrollo en serie de Taylor de la ecuación de los gases ideales alrededor del punto $(V_0, N_0, T_0) = (\bar{V}, \bar{N}, \bar{T})$, expresado en términos centrados y escalados en unidades normales:

$$P = \beta_0 + \beta_1 V_c + \beta_2 N_c + \beta_3 T_c + \beta_4 V_c N_c + \beta_5 V_c T_c + \beta_6 N_c T_c + \beta_7 V_c^2 + \beta_8 N_c^2 + \beta_9 T_c^2 + \cdots$$

beta0	beta1	beta2	beta3	beta4	beta5	beta6	beta7	beta8	beta9
1.627	-0.617	0.746	0.084	-0.283	-0.032	0.039	0.468	0.000	0.000

observamos que difieren notablemente. Además, los errores standard de las estimaciones son altos. Estosdos hechos se deben a que la estimación de los coeficientes de regresión mediante el método de los mínimos cuadrados está muy afectada por la existencia en el experimento de una correlación importante entre las variables regresoras temperatura y volumen (colinealidad), tal y como se puede apreciar en la siguiente representación gráfica:

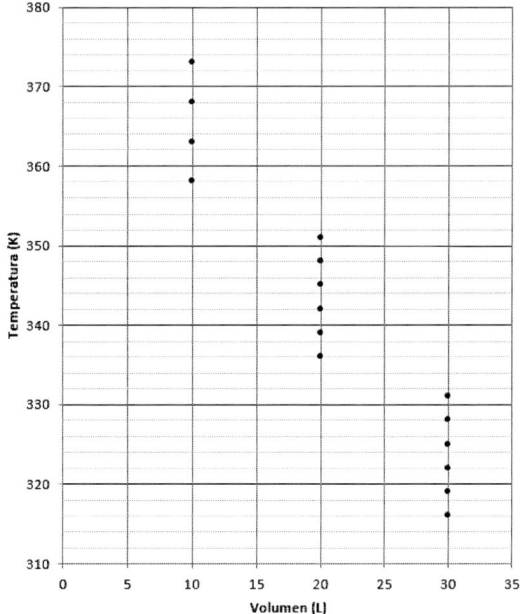

La consecuencia que la colinealidad tiene en la predicción de nuevas observaciones puede verse en los siguientes cálculos:

Predicción de la presión

Punto 1 (observación 14 del experimento)

Obs	P (y)	V (x1)	N (x2)	T (x3)		Vc (xc1)	Nc (xc2)	Tc (xc3)	VcNc (xc4)	VcTc (xc5)	NcTc (xc6)	Vc^2 (xc7)	Nc^2 (xc8)	Tc^2 (xc9)
14	3.01	10	1	363		-1.39539	-0.41395	1.213058	0.577622	-1.69269	-0.50215	1.947115	0.171355	1.471508913
OLS	3.12													
Taylor	3.06													
gas ideal	2.98													

Punto 2 (extrapolación a partir de observación 14 del experimento)

Obs	P (y)	V (x1)	N (x2)	T (x3)		Vc (xc1)	Nc (xc2)	Tc (xc3)	VcNc (xc4)	VcTc (xc5)	NcTc (xc6)	Vc^2 (xc7)	Nc^2 (xc8)	Tc^2 (xc9)
14		20	0.50	363		-0.15504	-1.29704	1.213058	0.201098	-0.18808	-1.57339	0.024038	1.682321	1.471508913
OLS	95.37													
Taylor	0.76													
gas ideal	0.74													

El modelo de regresión ajustado mediante el método de mínimos cuadrados (OLS) no predice correctamente el valor de la presión para valores de las variables regresoras que están fuera del conjunto de datos experimentales utilizados para obtener el modelo de regresión, debido a la colinealidad existente entre la temperatura y el volumen.

Aplicación de la regresión de componentes principales a este ejemplo

Para ello es necesario expresar el modelo de regresión en la forma canónica, por lo que en primer lugar hay que centrar y escalar los datos *en unidades de longitud*:

	P (yº)	V (w1)	N (w2)	T (w3)	VN (w4)	VT (w5)	NT (w6)	V2 (w7)	N2 (w8)	T2 (w9)
1	-0.25657	0.28022	-0.33490	-0.37148	-0.34664	-0.20942	0.40308	0.07828	0.26873	0.30824
2	-0.21549	0.28022	-0.22089	-0.32778	-0.22300	-0.15193	0.19638	0.07828	-0.07419	0.18347
3	-0.18154	0.28022	-0.10688	-0.28407	-0.09936	-0.09444	0.02929	0.07828	-0.27643	0.07430
4	-0.14062	0.28022	0.00713	-0.24037	0.02429	-0.03696	-0.09819	0.07828	-0.33798	-0.01928
5	-0.08003	0.28022	0.23514	-0.19667	0.27157	0.02053	-0.27518	0.07828	-0.03902	-0.09726
6	-0.02975	0.28022	0.34915	-0.15296	0.39521	0.07802	-0.30365	0.07828	0.32149	-0.15964
7	-0.22707	-0.04003	-0.33490	-0.08012	0.06844	0.29428	0.01526	-0.29746	0.26873	-0.22896
8	-0.15902	-0.04003	-0.22089	-0.03642	0.05078	0.28607	-0.05941	-0.29746	-0.07419	-0.24975
9	-0.10700	-0.04003	-0.10688	0.00728	0.03312	0.27786	-0.09448	-0.29746	-0.27643	-0.25495
10	-0.03705	-0.04003	0.00713	0.05099	0.01546	0.26965	-0.08994	-0.29746	-0.33798	-0.24455
11	0.06891	-0.04003	0.23514	0.09469	-0.01987	0.26143	-0.00289	-0.29746	-0.03902	-0.21856
12	0.13775	-0.04003	0.34915	0.13840	-0.03753	0.25322	0.10067	-0.29746	0.32149	-0.17697
13	-0.08653	-0.36029	-0.33490	0.24037	0.48353	-0.12729	-0.41133	0.32877	0.26873	-0.01928
14	0.15266	-0.36029	-0.10688	0.31321	0.16559	-0.25048	-0.22444	0.32877	-0.27643	0.14535
15	0.51303	-0.36029	0.23514	0.38605	-0.31131	-0.37367	0.26941	0.32877	-0.03902	0.35329
16	0.64833	-0.36029	0.34915	0.45889	-0.47028	-0.49686	0.54541	0.32877	0.32149	0.60456

donde:

$$y^0 = \frac{y - \bar{y}}{\sqrt{S_{yy}}}$$

$$w_i = \frac{x_{ci} - \bar{x}_{ci}}{\sqrt{S_{x_{ci}x_{ci}}}} \quad , \qquad i = 1, 2, \ldots, 9$$

es decir; *cada una de las variables que intervienen en el modelo de regresión lineal múltiple* (hay que tener en cuenta que éstas se obtienen a partir de las variables controladas por el experimentador V, N, T, después de haber sido centradas y escaladas en unidades normales) es centrada mediante la substracción de su valor medio y posteriormente dividida por la raiz cuadrada de los sumatorios corregidos de cuadrados.

Por tanto, la matriz **W** es:

$$W = \begin{pmatrix}
0.28022427 & -0.33489514 & -0.3714818 & -0.34664003 & -0.20942013 & 0.40307709 & 0.07827804 & 0.26873455 & 0.30823633 \\
0.28022427 & -0.22088828 & -0.32777806 & -0.22299772 & -0.15193225 & 0.19638147 & 0.07827804 & -0.07419052 & 0.18346885 \\
0.28022427 & -0.10688143 & -0.28407432 & -0.09935542 & -0.09444437 & 0.02929219 & 0.07827804 & -0.27642838 & 0.0742973 \\
0.28022427 & 0.00712543 & -0.24037058 & 0.02428688 & -0.03695649 & -0.09819073 & 0.07827804 & -0.33797903 & -0.01927831 \\
0.28022427 & 0.23513914 & -0.19666683 & 0.27157149 & 0.02053138 & -0.2751816 & 0.07827804 & -0.03901872 & -0.09725799 \\
0.28022427 & 0.34914599 & -0.15296309 & 0.39521379 & 0.07801926 & -0.30364866 & 0.07827804 & 0.32149225 & -0.15964173 \\
-0.04003204 & -0.33489514 & -0.08012353 & 0.06844485 & 0.29428318 & 0.01526495 & -0.29745654 & 0.26873455 & -0.228957 \\
-0.04003204 & -0.22088828 & -0.03641978 & 0.05078166 & 0.28607063 & -0.05940952 & -0.29745654 & -0.07419052 & -0.24975158 \\
-0.04003204 & -0.10688143 & 0.00728396 & 0.03311847 & 0.27785808 & -0.09447764 & -0.29745654 & -0.27642838 & -0.25495022 \\
-0.04003204 & 0.00712543 & 0.0509877 & 0.01545529 & 0.26964552 & -0.08993941 & -0.29745654 & -0.33797903 & -0.24455293 \\
-0.04003204 & 0.23513914 & 0.09469144 & -0.01987108 & 0.26143297 & -0.00288796 & -0.29745654 & -0.03901872 & -0.21855971 \\
-0.04003204 & 0.34914599 & 0.13839518 & -0.03753427 & 0.25322041 & 0.10066613 & -0.29745654 & 0.32149225 & -0.17697054 \\
-0.36028835 & -0.33489514 & 0.24037058 & 0.48352972 & -0.12729459 & -0.41132841 & 0.32876775 & 0.26873455 & -0.01927831 \\
-0.36028835 & -0.10688143 & 0.31321014 & 0.16559237 & -0.2504829 & -0.22443596 & 0.32876775 & -0.27642838 & 0.14534545 \\
-0.36028835 & 0.23513914 & 0.38604971 & -0.31131366 & -0.37367121 & 0.26940567 & 0.32876775 & -0.03901872 & 0.35329126 \\
-0.36028835 & 0.34914599 & 0.45888928 & -0.47028233 & -0.49685952 & 0.5454124 & 0.32876775 & 0.32149225 & 0.60455911
\end{pmatrix}$$

A continuación se calcula la matriz de correlación $W^T W$:

$$W^T W = \begin{pmatrix}
1.000 & -0.068 & -0.952 & 0.049 & 0.274 & -0.073 & -0.271 & -0.132 & -0.254 \\
-0.068 & 1.000 & 0.368 & -0.094 & -0.086 & 0.115 & 0.062 & 0.156 & 0.099 \\
-0.952 & 0.368 & 1.000 & -0.071 & -0.292 & 0.096 & 0.285 & 0.156 & 0.275 \\
0.049 & -0.094 & -0.071 & 1.000 & 0.432 & -0.970 & -0.075 & -0.007 & -0.654 \\
0.274 & -0.086 & -0.292 & 0.432 & 1.000 & -0.444 & -0.930 & -0.131 & -0.957 \\
-0.073 & 0.115 & 0.096 & -0.970 & -0.444 & 1.000 & 0.094 & 0.246 & 0.680 \\
-0.271 & 0.062 & 0.285 & -0.075 & -0.930 & 0.094 & 1.000 & 0.120 & 0.788 \\
-0.132 & 0.156 & 0.156 & -0.007 & -0.131 & 0.246 & 0.120 & 1.000 & 0.205 \\
-0.254 & 0.099 & 0.275 & -0.654 & -0.957 & 0.680 & 0.788 & 0.205 & 1.000
\end{pmatrix}$$

en la que se puede observar que existe una correlación lineal simple entre las variables regresoras w_1 y w_3 ($r_{13} = -0.952$) por estar relacionadas con la temperatura y el volumen, que presentan colinealidad, así como entre w_4 y w_6, w_5 y w_7, y w_5 y w_9, las cuales también están relacionadas con la temperatura y el volumen.

Para calcular los valores propios de la matriz de correlación $W^T W$ en primer lugar hay que transformarla en una matriz semejante tridiagonal. Tras aplicar el método de tridiagonalización de Householder se obtiene:

$$T = \begin{pmatrix}
0.99990 & 1.07177 & 0.00000 & -0.00000 & 0.00000 & -0.00000 & -0.00000 & -0.00000 & -0.00000 \\
1.07177 & 1.91679 & -1.27971 & -0.00000 & -0.00000 & -0.00000 & 0.00000 & 0.00000 & 0.00000 \\
0.00000 & -1.27971 & 2.48516 & 0.66629 & -0.00000 & -0.00000 & -0.00000 & 0.00000 & -0.00000 \\
-0.00000 & -0.00000 & 0.66629 & 1.30598 & -0.17573 & 0.00000 & 0.00000 & -0.00000 & -0.00000 \\
0.00000 & -0.00000 & 0.00000 & -0.17573 & 1.25441 & 0.20320 & -0.00000 & -0.00000 & 0.00000 \\
-0.00000 & -0.00000 & 0.00000 & -0.00000 & 0.20320 & 0.98027 & -0.22137 & -0.00000 & 0.00000 \\
-0.00000 & 0.00000 & -0.00000 & 0.00000 & -0.00000 & -0.22137 & 0.05714 & -0.00085 & -0.00000 \\
-0.00000 & 0.00000 & 0.00000 & -0.00000 & -0.00000 & -0.00000 & -0.00085 & 0.00064 & -0.00003 \\
-0.00000 & 0.00000 & 0.00000 & -0.00000 & 0.00000 & 0.00000 & 0.00000 & -0.00003 & 0.00000
\end{pmatrix}$$

Al aplicar el método iterativo de Givens (también llamado de la bisección), obtendremos los valores propios de la matriz T, y por tanto de la matriz de correlación $W^T W$, los cuales son, ordenados de mayor a menor:

i	1	2	3	4	5	6	7	8	9
lambda i	3.787	1.927	1.399	1.014	0.865	0.006	0.001	0.000	0.000

Observamos que los últimos 4 valores propios son aproximadamente cero, o iguales a cero en el redondeo a tres decimales.

Así, la matriz D es:

$$
D = \begin{pmatrix}
\mathbf{3.789} & 0.000 & -0.001 & 0.001 & 0.001 & 0.001 & 0.003 & 0.003 & 0.003 \\
0.000 & \mathbf{1.926} & 0.000 & 0.001 & 0.000 & 0.000 & 0.001 & 0.001 & 0.001 \\
-0.001 & 0.000 & \mathbf{1.398} & 0.000 & 0.000 & 0.000 & 0.000 & 0.000 & 0.000 \\
0.001 & 0.001 & 0.000 & \mathbf{1.0150} & 0.000 & 0.000 & 0.000 & 0.000 & 0.000 \\
0.001 & 0.000 & 0.000 & 0.000 & \mathbf{0.8660} & 0.000 & 0.000 & 0.000 & 0.000 \\
0.001 & 0.000 & 0.000 & 0.000 & 0.000 & 0.00552 & 0.000 & 0.000 & 0.000 \\
0.003 & 0.001 & 0.000 & 0.000 & 0.000 & 0.000 & 0.0007032 & 0.000 & 0.000 \\
0.003 & 0.001 & 0.000 & 0.000 & 0.000 & 0.000 & 0.000 & 0.0002764 & 0.000 \\
0.003 & 0.001 & 0.000 & 0.000 & 0.000 & 0.000 & 0.000 & 0.000 & 1.75E\text{-}06
\end{pmatrix}
$$

| Índice de condición | 1 | 2 | 3 | 4 | 4 | 684 | > 1000 | > 1000 | > 1000 |

y puede observarse que los índices de condición de los últimos 4 valores propios son superiores a 100, lo que indica la existencia de un problema importante de multicolinealidad.

Una vez conocidos los valores propios de $W^T W$, puede obtenerse la matriz de los vectores propios P mediante, por ejemplo, el método de la potencia inversa:

$$
P = \begin{matrix}
p1 & p2 & p3 & p4 & p5 & p6 & p7 & p8 & p9 \\
\end{matrix}
$$

$$
P = \begin{pmatrix}
-0.241 & -0.538 & -0.196 & 0.344 & 0.232 & 0.188 & 0.009 & 0.009 & 0.009 \\
0.115 & 0.176 & 0.361 & 0.489 & 0.734 & -0.043 & -0.003 & -0.003 & -0.003 \\
0.262 & 0.557 & 0.279 & -0.178 & 0.020 & 0.191 & 0.010 & 0.010 & 0.010 \\
-0.337 & 0.415 & -0.352 & 0.244 & -0.050 & 0.393 & -0.279 & -0.279 & -0.279 \\
-0.465 & 0.023 & 0.353 & -0.040 & -0.080 & -0.033 & 0.725 & 0.725 & 0.725 \\
0.357 & -0.390 & 0.386 & -0.067 & -0.111 & -0.035 & -0.295 & -0.295 & -0.295 \\
0.374 & 0.137 & -0.538 & 0.136 & 0.092 & -0.537 & 0.321 & 0.321 & 0.321 \\
0.139 & 0.078 & 0.197 & 0.726 & -0.615 & -0.068 & 0.035 & 0.035 & 0.035 \\
0.494 & -0.138 & -0.163 & 0.019 & 0.007 & 0.690 & 0.453 & 0.453 & 0.453
\end{pmatrix}
$$

La matriz P nos permite expresar la matriz de las variables regresoras en la base ortogonal formada por los vectores propios de la matriz de correlación $W^T W$:

$$
Z = WP = \begin{pmatrix}
0.374 & -0.733 & -0.115 & 0.107 & -0.355 & 0.005 & 0.000 & 0.000 & 0.000 \\
0.147 & -0.565 & -0.212 & -0.054 & -0.048 & 0.000 & 0.000 & 0.000 & 0.000 \\
-0.039 & -0.404 & -0.269 & -0.116 & 0.168 & -0.006 & 0.000 & 0.000 & 0.000 \\
-0.183 & -0.249 & -0.284 & -0.078 & 0.293 & -0.012 & 0.000 & 0.000 & 0.000 \\
-0.316 & 0.023 & -0.253 & 0.311 & 0.280 & 0.014 & 0.000 & 0.000 & 0.000 \\
-0.350 & 0.168 & -0.153 & 0.649 & 0.134 & -0.002 & 0.000 & 0.000 & 0.000 \\
-0.391 & -0.041 & 0.201 & -0.009 & -0.480 & -0.008 & 0.000 & 0.000 & 0.000 \\
-0.442 & 0.001 & 0.164 & -0.209 & -0.174 & 0.000 & -0.001 & -0.001 & -0.001 \\
-0.450 & 0.037 & 0.168 & -0.310 & 0.040 & 0.008 & -0.001 & -0.001 & -0.001 \\
-0.418 & 0.066 & 0.213 & -0.311 & 0.163 & 0.016 & 0.000 & 0.000 & 0.000 \\
0.279 & 0.101 & 0.405 & -0.004 & 0.141 & -0.004 & 0.000 & 0.000 & 0.000 \\
-0.137 & 0.120 & 0.566 & 0.296 & -0.006 & -0.007 & 0.000 & 0.000 & 0.000 \\
0.011 & 0.696 & -0.478 & 0.060 & -0.428 & -0.007 & 0.001 & 0.001 & 0.001 \\
0.293 & 0.503 & -0.369 & -0.320 & 0.082 & 0.020 & 0.000 & 0.000 & 0.000 \\
0.882 & 0.201 & 0.103 & -0.134 & 0.169 & -0.054 & 0.001 & 0.001 & 0.001 \\
1.298 & 0.078 & 0.313 & 0.123 & 0.021 & 0.036 & 0.001 & 0.001 & 0.001
\end{pmatrix}
$$

La evidencia de la multicolinealidad existente en este experimento puede verse en las cuatro últimas componentes principales, cuyos valores se sitúan alrededor de cero; por lo que podemos excluir Z_6, Z_7, Z_8 y Z_9 y *considerar el modelo de regresión con solo las primeras cinco componentes principales.*

Así, podemos calcular la estimación de los cinco primeros coeficientes de regresión en la forma canónica del siguiente modo:

$$\hat{\alpha}_{(5)} = D_{(5)}^{-1} Z_{(5)}^T y^0$$

con:

$$D_{(5)}^{-1} = \begin{pmatrix} 0.264 & 0.000 & 0.000 & 0.000 & 0.000 \\ 0.000 & 0.519 & 0.000 & 0.000 & 0.000 \\ 0.000 & 0.000 & 0.715 & 0.000 & 0.000 \\ 0.000 & 0.000 & 0.000 & 0.985 & 0.000 \\ 0.000 & 0.000 & 0.000 & 0.000 & 1.155 \end{pmatrix}$$

$$Z_{(5)} = \begin{pmatrix} 0.374 & -0.733 & -0.115 & 0.107 & -0.355 \\ 0.147 & -0.565 & -0.212 & -0.054 & -0.048 \\ -0.039 & -0.404 & -0.269 & -0.116 & 0.168 \\ -0.183 & -0.249 & -0.284 & -0.078 & 0.293 \\ -0.316 & 0.023 & -0.253 & 0.311 & 0.280 \\ -0.350 & 0.168 & -0.153 & 0.649 & 0.134 \\ -0.391 & -0.041 & 0.201 & -0.009 & -0.480 \\ -0.442 & 0.001 & 0.164 & -0.209 & -0.174 \\ -0.450 & 0.037 & 0.168 & -0.310 & 0.040 \\ -0.418 & 0.066 & 0.213 & -0.311 & 0.163 \\ -0.279 & 0.101 & 0.405 & -0.004 & 0.141 \\ -0.137 & 0.120 & 0.566 & 0.296 & -0.006 \\ 0.011 & 0.696 & -0.478 & 0.060 & -0.428 \\ 0.293 & 0.503 & -0.369 & -0.320 & 0.082 \\ 0.882 & 0.201 & 0.103 & -0.134 & 0.169 \\ 1.298 & 0.078 & 0.313 & 0.123 & 0.021 \end{pmatrix}$$

Por lo que:

$$\hat{\alpha}_{(5)} = \begin{pmatrix} 0.386 \\ 0.316 \\ 0.313 \\ 0.049 \\ 0.333 \end{pmatrix}$$

De manera que:

$$\widehat{\alpha}_{PC} = \begin{pmatrix} 0.386 \\ 0.316 \\ 0.313 \\ 0.049 \\ 0.333 \\ 0.000 \\ 0.000 \\ 0.000 \\ 0.000 \end{pmatrix}$$

y entonces:

$$\widehat{b} = P\widehat{\alpha}_{PC} = \begin{pmatrix} -0.230 \\ 0.482 \\ 0.362 \\ -0.114 \\ -0.090 \\ 0.095 \\ 0.056 \\ -0.029 \\ 0.099 \end{pmatrix}$$

Finalmente, hay que tener en cuenta que para desarrollar este cálculo en la forma canónica ha sido necesario centrar y escalar los datos. Es necesario deshacer la transformación mediante las fórmulas (tr_1) y (tr_2) para obtener el vector de los coeficientes de regresión estimados correspondientes a los datos originales $\widehat{\beta}$, a partir del vector de los coeficientes de regresión standard estimados $\widehat{b}$:

$$\widehat{\beta} = \begin{pmatrix} 1.615 \\ -0.374 \\ 0.784 \\ 0.590 \\ -0.186 \\ -0.178 \\ 0.159 \\ 0.116 \\ -0.066 \\ 0.171 \end{pmatrix}$$

Si comparamos los coeficientes de regresión estimados mediante el método de regresión de componentes principales (PCR) con los que habría que esperar a partir del desarrollo en serie de Taylor de la ecuación de los gases ideales alrededor del punto $\left(V_0, N_0, T_0\right) = \left(\overline{V}, \overline{N}, \overline{T}\right)$, expresado en términos centrados y escalados en unidades normales, y con los obtenido inicialmente mediante regresión de mínimos cuadrados (OLS):

OLS:

^beta0	^beta1	^beta2	^beta3	^beta4	^beta5	^beta6	^beta7	^beta8	^beta9
1.731	-2.676	1.591	-1.808	25.809	-68.317	28.944	-30.150	-5.447	-37.967

Taylor:

beta0	beta1	beta2	beta3	beta4	beta5	beta6	beta7	beta8	beta9
1.627	-0.617	0.746	0.084	-0.283	-0.032	0.039	0.468	0.000	0.000

PCR:

^beta0	^beta1	^beta2	^beta3	^beta4	^beta5	^beta6	^beta7	^beta8	^beta9
1.615	-0.374	0.784	0.590	-0.186	-0.178	0.159	0.116	-0.066	0.171

observamos que los coeficientes de regresión estimados mediante PCR que multiplican a las variables regresoras presentan una magnitud considerablemente menor que la magnitud de los obtenidos por OLS, y son comparables a los esperados por el desarrollo en serie de Taylor de la ecuación de los gases ideales.

Y el efecto de haber combatido la multicolinealidad mediante el empleo de la regresión de componentes principales (PCR) puede observarse en la predicción de la presión para una nueva observación mediante el empleo de los los coeficientes de regresión estimados mediante PCR:

Punto 2 (extrapolación a partir de observación 14 del experimento)

Obs	P (y)	V (x1)	N (x2)	T (x3)		Vc (xc1)	Nc (xc2)	Tc (xc3)	VcNc (xc4)	VcTc (xc5)	NcTc (xc6)	Vc^2 (xc7)	Nc^2 (xc8)	Tc^2 (xc9)
14		20	0.50	363		-0.15504	-1.29704	1.213058	0.201098	-0.18808	-1.57339	0.024038	1.682321	1.471508913
OLS	-95.32													
Taylor	0.76													
gas ideal	0.74													
PCR	**1.26**													

la cual es comparable a la presión calculada mediante la ecuación de los gases ideales.

EL MODELO DE REGRESIÓN POLINÓMICO

Observemos los siguientes datos experimentales correspondientes a la variación del calor específico del agua con la temperatura:

```
cp(kcal/(kg K))    T(°C)
----------------------
     1.0069          0
     1.0041          5
     1.0017         10
     1.0000         15
     0.9990         20
     0.9981         25
     0.9978         30
     0.9976         35
     0.9976         40
     0.9978         45
     0.9983         50
     0.9988         55
     0.9995         60
     1.0000         65
     1.0010         70
     1.0017         75
     1.0026         80
     1.0036         85
     1.0048         90
     1.0060         95
     1.0072        100
```

Si los representamos en una gráfica de dispersión obtenemos la siguiente representación:

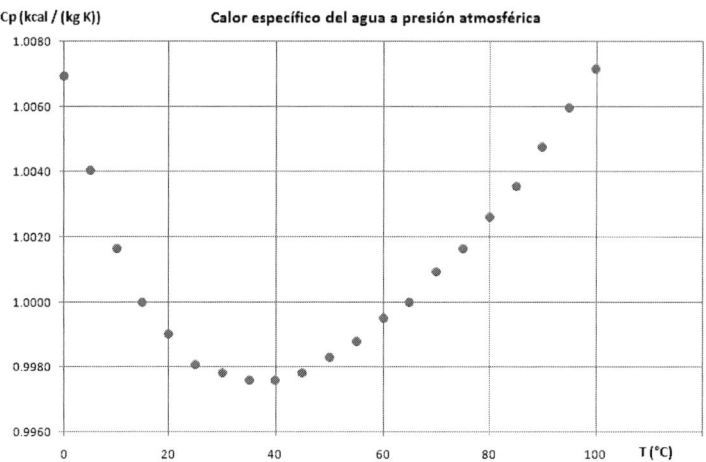

Mediante la gráfica de dispersión se puede observar que existe una dependencia de tipo cuadrático entre los valores de la variable respuesta, que en este caso es la capacidad calorífica del agua, y los valores de la variable regresora, que en este caso es la temperatura. Por tanto, podemos relacionar la respuesta y con el regresor x mediante la ecuación denominada *modelo cuadrático*:

$$y = \beta_0 + \beta_1 x + \beta_2 x^2 + \varepsilon$$

De manera general, cuando se observan relaciones curvilineas entre la variable respuesta y la variable regresora, una manera de aproximarse a esta relación es mediante un *modelo de regresión polinómico*.

Así, denominamos *modelo polinómico de orden k en una variable* a la siguiente ecuación:

$$y = \beta_0 + \beta_1 x + \beta_2 x^2 + \cdots + \beta_k x^k + \varepsilon$$

En esta ecuación existe una relación lineal en los parámetros $\beta_0, \beta_1, ...,$ β_k; por ello, si establecemos que $x_j = x^j$ para $j = 1, 2,..., k$ entonces tenemos un modelo de regresión lineal múltiple con k regresores:

$$y = \beta_0 + \beta_1 x_1 + \beta_2 x_2 + ... + \beta_k x_k + \varepsilon$$

y podemos estimar los coeficientes de regresión $\beta_0, \beta_1, ..., \beta_k$, mediante el uso de las técnicas empleadas en el modelo de regresión lineal múltiple.

Así, en el ejemplo considerado, podemos estimar los coeficientes de regresión β_0, β_1 y β_2 a través del siguiente conjunto de datos:

```
cp(kcal/(kg K))    T(°C)      T^2(°C^2)
      y             x1            x2
---------------------------------------
    1.0069           0            0
    1.0041           5           25
    1.0017          10          100
    1.0000          15          225
    0.9990          20          400
    0.9981          25          625
    0.9978          30          900
    0.9976          35         1225
    0.9976          40         1600
    0.9978          45         2025
    0.9983          50         2500
    0.9988          55         3025
    0.9995          60         3600
    1.0000          65         4225
    1.0010          70         4900
    1.0017          75         5625
    1.0026          80         6400
    1.0036          85         7225
    1.0048          90         8100
    1.0060          95         9025
    1.0072         100        10000
```

Tras disponer los datos en forma matricial obtenemos:

$$X^T X = \begin{bmatrix} 21 & 1050 & 71750 \\ 1050 & 71750 & 5512500 \\ 71750 & 5512500 & 4.5166E+8 \end{bmatrix}$$

$$(X^T X)^{-1} = \begin{bmatrix} 0.356306 & -1.3891E-2 & 1.1293E-4 \\ -1.3891E-2 & 7.6521E-4 & -7.1326E-6 \\ 1.1293E-4 & -7.1326E-6 & 7.1326E-8 \end{bmatrix}$$

$$X^T y = \begin{bmatrix} 21.02 \\ 1051.88 \\ 71947.94 \end{bmatrix}$$

Por lo que:

$$\widehat{\beta} = \begin{bmatrix} 1.0049 \\ -3.099E-4 \\ 3.447E-6 \end{bmatrix}$$

De manera que la ecuación:

$$\hat{y} = 1.0049 - 3.099E-4 \cdot x + 3.447E-6 \cdot x^2$$

Proporciona una estimación puntual del valor medio de la capacidad calorífica del agua $\left(\hat{y}\right)$ para una temperatura dada (x).

Si representamos gráficamente el modelo de regresión ajustado junto a los datos experimentales, obtendremos una visualización de la bondad del ajuste realizado:

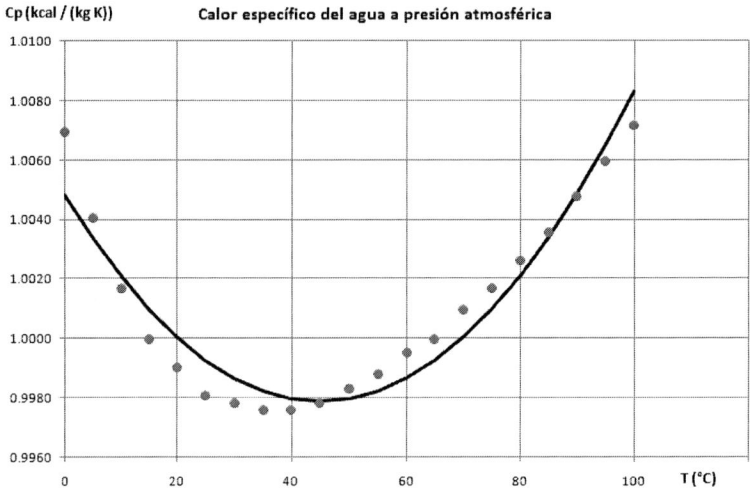

LA MEDIDA INSTRUMENTAL

Una aplicación del análisis de regresión la encontramos en la Química Analítica.

Un objetivo de la Química Analítica es determinar cuantitativamente la composición de la materia. Para ello, utiliza *métodos instrumentales* de análisis, los cuales miden una crta propiedad que genera una *señal instrumental* (*y*). La propiedad medida está relacionada con la *cantidad o concentración de analito* (sustancia que se quiere determinar) presente en la muestra (*x*), habitualmente de forma lineal:

$$y = B + Ax$$

Sin embargo, debido a que la señal instrumental observada está afectada por un error de medida (ε_y), una manera más adecuada de modelizar la relación existente entre la señal instrumental *observada* y la cantidad o concentración de analito es:

$$y = B + Ax + \varepsilon_y$$

De hecho, si se considera que el error es una variable aleatoria que sigue una distribución normal $N(\sigma, 0)$, entonces podemos escribir que:

$$E(y) = B + Ax$$

Esta ecuación relaciona el *valor esperado* en la señal observada con la cantidad o concentración de analito, y se la denomina *función de calibración*, o *recta de calibración*.

Los parámetros *A* y *B* se *estiman* a partir de la medida de una serie de *n* muestras en las que la cantidad o concentración del analito es conocida. A estas muestras se las denomina *muestras patrón*. Así, a partir de los *n* pares de datos $(x_1, y_1), (x_2, y_2),..., (x_i, y_i),..., (x_n, y_n)$ obtenidos de la medida de las muestras patrón, es posible estimar los parámetros *A* y *B* por el método de los mínimos cuadrados. De esta forma se obtiene la ecuación:

$$\hat{y} = \hat{B} + \hat{A}x$$

que proporciona una estimación puntual del valor medio de la señal instrumental para un valor dado de la cantidad o concentración de analito.

De esta manera, una vez establecida la recta de calibración, es posible *predecir* la cantidad o concentración de analito en una *muestra problema* a partir de la señal observada en la medida instrumental de la propiedad asociada al analito (*y*), mediante la función inversa de la recta de calibración. A esta función se la denomina *función de evaluación* y tiene la forma:

$$\hat{x} = \frac{y - \hat{B}}{\hat{A}}$$

Los parámetros de la recta de calibración son:

- *Sensibilidad* (*A*) – Es la pendiente de la recta de calibración. Es una medida de la capacidad del método instrumental de diferenciar pequeñas variaciones en la concentración o cantidad de analito.
- *Señal del blanco* (*B*) – Es la ordenada en el origen de la recta de calibración. Es la señal instrumental esperada para una muestra que no contiene analito, la cual se denomina *blanco* (*x* = 0).

Ejemplo – Para determinar la concentración de azufre presente en una muestra se utiliza un método instrumental en el que se radía la muestra con rayos X. Como consecuencia, los átomos de azufre emiten rayos X por fluorescencia y esta radiación es captada por un detector y transformada en una señal instrumental. Para establecer la recta de calibración se han medido una serie de muestras patrón, y los datos obtenidos han sido los siguientes:

Concentración (mg/kg)	Intensidad (cps)
0	371.5
25	405.0
50	447.3
100	484.3
300	716.3
501	938.3
699	1169.0

A partir de estos datos se obtiene la recta de calibración:

$$\hat{y} = \hat{B} + \hat{A}x = 377.4 + 1.1284x$$

Para determinar el grado de ajuste existente entre la recta de regresión obtenida y los datos experimentales y establecer los intervalos de estimación de los parámetros A y B, es necesario estimar la varianza σ^2 del error de medida de la señal instrumental.

$$\hat{\sigma}^2 = MS_E = \frac{ss_E}{n-2} = \frac{280}{7-2} = 56.0\,cps^2$$

Por tanto, el error standard de la regresión es:

$$\hat{\sigma} = 7.5\,cps$$

De esta manera puede calcularse el coeficiente de determinación de la recta de regresión:

$$R^2 = 1 - \frac{(n-2)}{S_{yy}}MS_E = 1 - \frac{(7-2)}{562957}56.0 = 0.9995$$

Y los intervalos de confianza del 95% para los parámetros A y B:

- *Parámetro A (sensibilidad)*:

$$A = \hat{A} \pm t_{\frac{\alpha}{2},\,n-2}\sqrt{\frac{MS_E}{S_{xx}}} = 1.1294 \pm 2.571\sqrt{\frac{56.0}{441923}} = 1.1294 \pm 0.0289\frac{cps}{mg/Kg}$$

- *Par*ámetro B (señal del blanco):

$$B = \hat{B} \pm t_{\frac{\alpha}{2},\,n-2}\sqrt{MS_E\left(\frac{1}{n} + \frac{\overline{x}^2}{S_{xx}}\right)} = 377.4 \pm 2.571\sqrt{56.0\left(\frac{1}{7} + \frac{239.29^2}{441923}\right)}$$

$$B = 377.4 \pm 10.0\,cps$$

Una vez establecida la recta de calibración es posible predecir la concentración de azufre de una muestra problema mediante la función de evaluación. Así, la concentración de azufre de una muestra en la que se ha obtenido una señal instrumental de 726.0 cps es:

$$\hat{x} = \frac{y - \hat{B}}{\hat{A}} = \frac{726.0 - 377.4}{1.1294} = 309\,mg/Kg$$

Y el intervalo de predicción para un nivel de confianza del 95% es:

$$x = \hat{x} \pm t_{\frac{\alpha}{2},\, n-2} \sqrt{\frac{MS_E}{\hat{A}^2}\left(1 + \frac{1}{n} + \frac{\left(y - \bar{y}\right)^2}{\hat{A}^2 S_{xx}}\right)}$$

$$x = 309 \pm 2.571 \sqrt{\frac{56.0}{1.1294^2}\left(1 + \frac{1}{7} + \frac{\left(726.0 - 647.0\right)^2}{1.1294^2 \cdot 441923}\right)}$$

$$x = 309 \pm 2.571 \cdot \frac{7.5}{1.1294} \cdot \sqrt{\left(1 + 0.14 + 0.01\right)}$$

$$x = 309 \pm 2.571 \cdot \frac{7.5}{1.1294} \cdot 1.072$$

$$x = 309 \pm 18 \, mg \,/\, Kg$$

EL LÍMITE DE DETECCIÓN

El límite de detección (x_d)es la mínima cantidad o concentración de analito a partir de la que se genera una señal instrumental significativamente distinta de la señal instrumental generada por el blanco.

En un método instrumental en el que la señal instrumental y la cantidad o concentración de analito están relacionados de la forma lineal:

$$y = B + Ax + \varepsilon_y$$

la señal instrumental generada por el blanco es una variable aleatoria que sigue una distribución normal $N(B, \sigma)$, por lo que puede decirse que:

$$y_d = B + k\sigma$$

es una señal instrumental que, a partir de una valor k dado, no pertenece a la población de la señal instrumental generada por el blanco, y que por tanto está generada por el analito.

Determinación del límite de deteccion a partir de medidas repetidas de un blanco

Puede estimarse la señal instrumental esperada para el blanco mediante la realización de una serie de medidas repetidas de un blanco, de las que se puede obtener un valor medio $\left(\bar{y}_B\right)$ y una desviación standard (s_B). A partir de 20 medidas repetidas de un blanco se considera que $\left(\bar{y}_B\right)$ y s_B son unos buenos estimadores de B y σ respectivamente.

Así, podemos estimar el límite de detección a partir de la siguiente señal instrumental:

$$y_d = \bar{y}_B + ks_B$$

y mediante la función de evaluación:

$$\hat{x}_d = \frac{y_d - \hat{B}}{\hat{A}} = \frac{\overline{y}_B + ks_B - \overline{y}_B}{\hat{A}} = \frac{ks_B}{\hat{A}}$$

expresión en la que se ha utilizado la estimación de la señal instrumental esperada para el blanco obtenida a partir de una serie de medidas repetidas de un blanco $\left(\hat{B} = \overline{y}_B\right)$.

Ejemplo - Un analizador de azufre en hidrocarburos por fluorescencia ultravioleta se ha calibrado con patrones de azufre en isooctano ($\rho = 0.6900$ kg/L) para obtener una recta de calibración de la forma:

$$\hat{y}\left(\acute{a}rea\right) = \hat{B} + \hat{A}x\left(ng\right)$$

la cual relaciona la masa de azufre presente en la muestra, expresada en ng, con la señal instrumental esperada, expresada en unidades de área, en el rango de 0 a 5 mg/L de concentración. El volumen de muestra analizado es de $V = 40\mu L$.

Los datos experimentales con los que se ha calibrado el analizador se recogen en la siguiente tabla:

medida	x masa de azufre (μg)	y Señal (unidades de área)
1	0.0	1350461
2	0.0	1403926
3	0.0	1543578
4	4.0	2409898
5	4.0	2314104
6	4.0	2534179
7	8.0	3968825
8	8.0	3927611
9	8.0	3770255
10	40.8	13423330
11	40.8	13653805
12	40.8	13659372
13	101.6	33787442
14	101.6	33500745
15	101.6	33705011
16	202.8	67290833
17	202.8	67816497
18	202.8	68066372

A partir de estos datos se obtiene la recta de calibración:

$$\hat{y}\left(\acute{a}rea\right) = 977780 + 327105.45 \cdot x\left(ng\right)$$

con el siguiente coeficiente de determinación:

$$R^2 = 0.99957$$

Se quiere conocer cuál es la concentración más baja de azufre que puede determinarse en un hidrocarburo mediante este método instrumental.

Para ello se realizan 20 medidas de un blanco (isooctano). Las señales instrumentales obtenidas se recogen en la siguiente tabla:

Medidas instrumentales del blanco – Señal (unidades de área)				
706835	946536	689246	422594	804539
723359	667026	595029	783810	681283
495203	692347	388517	458796	396347
469794	368825	550994	442741	516846

A partir de esta muestra de señales instrumentales del blanco se obtiene que:

$\overline{y}_B$	590033
s_B	162385

Por lo que:

$$\hat{x}_d = \frac{k s_B}{\hat{A}} = \frac{k \cdot 162385}{327105.45} = k \cdot 0.5\, ng$$

que expresado en términos de concentración:

$$\hat{x}_d = \frac{k \cdot 0.5}{\rho V}\, mg \,/\, Kg$$

El valor de k a partir del cual puede considerarse que una señal instrumental no pertenece a la población de la señal generada por el blanco, y por tanto es generada por el analito es $k = 3$, de acuerdo con el criterio adoptado por la *International Union of Pure and Applied Chemistry (IU-*

PAC). Según este criterio, si una señal instrumental está por encima de la señal media del blanco más de tres veces la desviación standard de un número suficientemente grande de medidas del blanco (p.e. 20 medidas del blanco), entonces puede decirse que esta señal no es el resultado de una fluctuación aleatoria de la señal del blanco, con un nivel de confianza del 99.86%:

$$y_d = \bar{y}_B + ks_B \qquad \text{donde } k = 3$$

La cantidad o concentración de analito asociada a esta señal instrumental se denomina *límite de detección* (x_d), y podemos estimarlo mediante:

$$\hat{x}_d = \frac{ks_B}{\hat{A}} \qquad \text{donde } k = 3$$

La *American Chemical Society (ACS)* establece el criterio siguiente; cuando *al realizar la medida de una muestra* se obtenga una señal instrumental superior a:

$$y_q = \bar{y}_B + ks_B \qquad \text{donde } k = 10$$

puede decirse que prácticamente no hay posibilidad de que esta señal se confunda con la señal generada por el blanco, lo que permite *cuantificar* la cantidad o concentración del analito cuando ésta es superior a la cantidad o concentración asociada a esta señal instrumental. A esta cantidad o concentración de analito se la denomina *límite de cuantificación* (x_q), y podemos estimarlo mediante:

$$\hat{x}_q = \frac{ks_B}{\hat{A}} \qquad \text{donde } k = 10$$

Por tanto, en el caso del ejemplo considerado, las estimaciones de los límites de detección y de cuantificación del método instrumental para determinar azufre en un hidrocarburo son:

$\hat{x}_d$	1.5 ng	0.05 mg/kg
$\hat{x}_q$	5.0 ng	0.18 mg/kg

Determinación del límite de deteccion en la calibración del método instrumental

Para poder utilizar un método instrumental en la determinación de la cantidad o concentración de un analito, es necesario establecer en primer lugar la recta de calibración mediante la medida de una serie de muestras patrón. Así pues, en la *calibración del método instrumental* ya se obtiene una estimación de la señal del blanco mediante el parámetro $\hat{B}$, sin necesidad de realizar un número elevado de medidas repetidas del blanco.

Así, podemos estimar el límite de detección a partir de la siguiente señal instrumental:

$$y_d = \hat{B} + k\hat{\sigma}_{\hat{B}}$$

donde:

$$\hat{\sigma}_{\hat{B}} = \sqrt{MS_E\left(\frac{1}{n} + \frac{\bar{x}^2}{S_{xx}}\right)}$$

y mediante la función de evaluación:

$$\hat{x}_d = \frac{y_d - \hat{B}}{\hat{A}} = \frac{\hat{B} + k\hat{\sigma}_{\hat{B}} - \hat{B}}{\hat{A}} = \frac{k\hat{\sigma}_{\hat{B}}}{\hat{A}}$$

Ejemplo – En el ejemplo anterior, si determinamos el límite de detección y de cuantificación a partir de la recta de calibración, es necesario calcular:

$$\hat{\sigma}_{\hat{B}} = \sqrt{278750502999\left(\frac{1}{18} + \frac{59.533^2}{95789.2}\right)}$$

$$\hat{\sigma}_{\hat{B}} = 527968 \cdot \sqrt{(0.055 + 0.037)}$$

$$\hat{\sigma}_{\hat{B}} = 160624$$

y, por tanto:

$$\hat{x}_d = \frac{3\hat{\sigma}_{\hat{B}}}{\hat{A}} = \frac{3 \cdot 160624}{327105.45} = 1.5\,ng$$

$$\hat{x}_q = \frac{10\hat{\sigma}}{\hat{A}} = \frac{10 \cdot 160624}{327105.45} = 5.0 \, ng$$

que expresado en términos de concentración:

$$\hat{x}_d = \frac{1.5}{\rho V} = \frac{1.5}{0.6900 \cdot 40} = 0.05 \, mg \, / \, Kg$$

$$\hat{x}_q = \frac{5.0}{\rho V} = \frac{5.0}{0.6900 \cdot 40} = 0.18 \, mg \, / \, Kg$$

Factores que afectan al límite de detección

Si el valor esperado de la señal observada en la medida de la cantidad o concentración de un analito es igual a y_d, entonces:

$$y_d = B + Ax_d$$

Como:

$$y_d = B + k\sigma$$

tenemos que:

$$x_d = k\frac{\sigma}{A}$$

Podemos observar que el límite de detección es directamente proporcional a la desviación standard del error de medida de la señal instrumental, e inversamente proporcional a la sensibilidad.

Por lo tanto, podemos decir que:

- Cuanto mayor sea la *precisión* del método instrumental, más bajo será el límite de detección.
- Cuanto mayor sea la *sensibilidad* del método instrumental, más bajo será el límite de detección.

Ejemplo – Se dispone de un segundo analizador de azufre en hidrocarburos por fluorescencia ultravioleta, cuya recta de calibración se ha obtenido a partir de los siguientes datos experimentales:

medida	x masa de azufre (*ng*)	y Señal (unidades de área)
1	0.0	567258
2	0.0	748697
3	0.0	623184
4	20.0	1829772
5	20.0	1514114
6	20.0	1865672
7	20.0	1518247
8	20.0	2186528
9	20.0	2172833
10	100.0	8902447
11	100.0	9128296
12	100.0	8872127
13	200.0	16584758
14	200.0	16308819
15	200.0	16141142
16	400.0	33536576
17	400.0	33060932
18	400.0	33650894

A partir de estos datos la recta de calibración obtenida es:

$$\hat{y}\left(\acute{a}rea\right) = 371995 + 82214.59 \bullet x\left(ng\right)$$

con el siguiente coeficiente de determinación:

$$R^2 = 0.99903$$

¿Cuál es la concentración más baja de azufre que puede determinarte en un hidrocarburo mediante el método instrumental que utiliza este segundo analizador?

A partir de la recta de calibración podemos estimar:

$$\hat{\sigma}_{\hat{B}} = \sqrt{146721130943\left(\frac{1}{18} + \frac{123.333^2}{358600.0}\right)}$$

$$\hat{\sigma}_{\hat{B}} = 119895$$

y, por tanto:

$$\hat{x}_d = \frac{3\hat{\sigma}_{\hat{B}}}{\hat{A}} = \frac{3 \cdot 119895}{82214.59} = 4.4\, ng$$

$$\hat{x}_q = \frac{10\hat{\sigma}_{\hat{B}}}{\hat{A}} = \frac{10 \cdot 119895}{82214.59} = 14.6\, ng$$

que expresado en términos de concentración:

$$\hat{x}_d = \frac{4.4}{\rho V} = \frac{4.4}{0.6900 \cdot 40} = 0.16\, mg/Kg$$

$$\hat{x}_q = \frac{14.6}{\rho V} = \frac{14.6}{0.6900 \cdot 40} = 0.53\, mg/Kg$$

Observemos que la precisión de este segundo analizador en la medida de la señal instrumental del blanco es un 25% mejor que la del analizador estudiado en el ejemplo anterior; sin embargo, la sensibilidad es unas cuatro veces menor, por lo que el límite de detección de este segundo método instrumental es en consecuencia tres veces más alto.

BIBLIOGRAFÍA

Campbell, L., Light curve of Nova Pictoris, 1925.4 Continued, *Harvard College Observatory Bulletin* **874** (1930) 30-32.

Canavos, George C. *Probabilidad y Estadística. Aplicaciones y métodos.* McGraw Hill, Naucalpan de Juarez, México, 1988.

Conde Lazaro C., Winter Althaus G., *Métodos y algoritmos básicos del álgebra numérica*, Ed. Reverté, 1990, Barcelona

Eisenhauer, J. G. Regression through the Origin, *Teaching Statistics* **25** (3) (2003) 76.

Fernandez-Abascal, H.; Guijarro, M. M.; Rojo, J. L.; Sanz, J. A. *Cálculo de probabilidades y estadística*, Ed. Ariel, Barcelona, 1994.

Hernández Hernández, L.; González Pérez, C. *Introducción al an*álisis instrumental, Ariel Ciencia, 2002.

Lee, E. U.; Forthofer, R. N. *Analyzing complex survey data*, 2nd Ed., SAGE Publications, USA, 2006.

Long, Winefordner, Limit of Detection: A closer Look at the IUPAC Definition, *Anal. Chem.* **55** (7) (1983) 712A-724A.

Montgomery, D. C.; Peck, E. A. *Introduction to linear regression analysis*, 2nd Ed.,John Wiley & Sons, New York, 1992.

Pugachev, V. S. *Introducción a la Teoría de las Probabilidades*, Ed. Mir, Moscú, 1973.

Seber, Lee. *Linear regression analysis*, 2nd Ed., John Wiley & Sons, New York, 2003.

Skoog, D. A.; Leary, J. J. *Análisis Instrumental*, McGraw-Hill, Madrid, 1993.

Skoog, Holler, Nieman, *Principios de análisis instrumental,* 5ª Ed.,Mc-Graw-Hill, Madrid, 1992.